기상청 운동회 날
왜 비가 왔을까?

기상청 운동회 날 오래 비가 왔을까?

이우진 글 | 김소희 그림

나무를 심는 사람들

 프롤로그

날씨와 기후에 숨겨진
재미있는 과학

날씨가 달라질 때마다 우리의 기분도 달라집니다. 맑게 갠 푸른 가을 하늘을 보면 쾌활해지고, 장맛비가 며칠이고 주룩주룩 내리면 우울해지지요. 장사하는 사람들은 날씨에 따라 웃기도 하고 울기도 해요. "비가 오면 짚신 장수는 웃지만, 소금 장수는 운다"라는 말처럼, 날씨가 변할 때마다 업종별로 손익계산서가 달라져요. 이른 더위가 오면 매장마다 에어컨이 동나고, 겨울이 왔는데 날이 따뜻하면 온열 제품이나 방한 용품 시장이 시들하지요.

　우리나라는 온대에 속해 폭풍우가 자주 지나갈 뿐만 아니라, 아시아 대륙과 태평양 사이에 놓여 있어 계절이 바뀔 때마다 날씨 변화가 유독 심해요. 화석연료를 많이 소비한 탓에 빨라진 온난화로, 우리나라도 더위가 심해지고 여름이 길어지고 있어요. 열대 과일인 바나나와 망고가 자라고, 열대 어종인 참치가 주변 해역에서 잡히고 있지요. 극지나 고산의 얼음이 녹아내리면서, 우리나라도 예외 없이 기후변화 시계가 빨라지고 있다고 해요.

　우리는 늘 자연 속에서 날씨를 느끼며 살고 있지만, 평소에는 무덤덤하지요. 그러다가 한바탕 요란한 날씨가 지나가거나 한동안 궂은 날씨가 지속되면, "갑자기 날씨가 왜 이러지?" 하면서 궁금증이 커지게 돼요. 날씨와 기후를 직접 체험한 기억이 생생할 때, 그 배후에 작동하는 과학의 원리를 함께 터득할 수 있다면 자연에 대한 이해의 폭과 깊이가 부쩍 커질 겁니다.

날씨와 기후를 다루는 학문인 기상학(대기 과학)은 다른 자연과학 분야에 비해 늦게 발전해 왔어요. 대기는 지구를 에워싼 하나의 덩어리라서, 이걸 나라마다 조각조각 떼서 생각하기는 어려워요. 대기는 자유롭게 국경을 넘나들고 바다나 사막을 거침없이 지나는데, 세계가 협력하여 이걸 관측하고 연구하는 데 오랜 시간이 걸린 거지요. 더구나 작은 성냥불에서 나오는 연기의 운동도 금방 실타래가 엉키듯 꼬이는데, 하물며 지구 대기의 전모를 분석하거나 설명하는 게 얼마나 복잡할지 짐작해 볼 수 있을 거예요.

날씨는 생활 가까이 오감으로 늘 체험할 수 있어서, 과학을 탐구하는 데 필요한 호기심과 궁금증을 불러일으키는 주제이지요. 이 책은 우리가 흔히 일상에서 직접 겪었거나, 아니면 크고 작은 위력에 놀라곤 했던 기상 현상에 숨어 있는 과학의 원리를 알기 쉽게 풀었습니다. 개중에는 잘 알고 있다고 생각했는데, 따지고 들면서 오해가 풀리는 원리도 있고, 신비로운 현상이라 가까이 다가가기 어려웠는데, 막상 이해하고 나면 별것이 아닌 것도 있어요. 어떤 것은 첨단 과학의 이슈라서 막연했는데, 기상 현상과 연결 고리를 찾고 보면 알기 쉬운 것도 있고요.

1장에서는 요즈음 모두의 관심사인 온난화와 기후변화 이야기를 다루고 있어요. 2장에서는 최신 과학기술로 무장하고 앞장서서 달려가는 기상 분야의 주제를 다룹니다. 컴퓨터와 관련된 코딩, 인공지능, 증강 현실을 비롯해서, 우주산업과도 연결되는 위성의 원격 탐측 같은 첨단 기술을 기상 분야에 접목하는 것들이지요. 3장에서는 날씨를 이해하는 데 가장 기본적인 원리를 쉽게 풀었습니다. 기압, 기온, 바람에 덧붙여 경계층과 성층권에 얽힌 이야기를 다루고 있지요. 4장에서는 날씨 변화를 주도하는 구름과 비, 그리고 이것들이 햇빛과 어울려 일으키는 빛 현상에 관한 이야기를 다루었습니다. 5장에서는 여러 가지 기상재해를 보여 줍니다. 폭풍 하면 으레 온대저기압과 전선을 떠올리게 되지만, 그

외에도 소나기구름과 돌풍, 용오름과 토네이도, 태풍, 난기류, 그리고 바다의 풍랑까지 연관 분야를 두루 살폈어요. 마지막으로 6장에서는 우리나라에서 계절별로 나타나는 독특한 날씨, 나아가 기후와 관련된 주요 질문에 답했습니다. 우리나라 기후를 다른 지역과 연관시켜 보기도 하고, 다른 나라 기후와 비교도 해 가면서, 하나의 지구촌에서 벌어지는 기후의 다양성에 대해 폭넓은 관점을 제시했습니다. 지구 대기는 한 몸으로 모든 지역을 서로 묶어 주고 있는데, 마치 남들과의 대화에서 나를 발견하듯 다른 지역과의 관계를 통해서 우리 고유의 날씨와 기후를 살펴보았습니다.

아무쪼록 이 책이 미지의 세계로 가득한 대기의 바다를 항해하다가, 연료와 식량을 충전하기 위해 잠시 머물다 갈 항구를 찾는 이에게 길을 비추는 작은 등대가 되기를 희망합니다.

차례

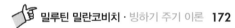

6장
우리나라 사계절의 날씨

1장

온난화와 기후변화

1

지구 기온이 1도 오르면?

산업혁명 이후 대기 중에 온실 기체가 빠르게 증가하며 지구 기온이 가파르게 상승하는 중인데요. 기온이 1도 올라가면 우리 생활에 어떤 영향이 미치는 걸까요?

봄가을에는 낮과 밤 사이 기온의 일교차가 10도 이상 벌어져요. 그런데 산업혁명이 일어난 1850년대부터 지금까지 지구 기온은 1도 조금 넘게 올랐답니다. 하루 동안 느끼는 기온 변동 폭에 비해 훨씬 못 미치지요? 그런데도 세계 각지에서 기후변화를 걱정하고, 이번 세기 안에 2도 이상은 올라가지 않게 대책을 마련해야 한다고 촉구합니다.

》날씨는 기분,《 기후는 성격

사람에 비유한다면 날씨는 기분이고 기후는 성격과 같아요. 아침에 집에서 말다툼이라도 했다면 등굣길에 왠지 짜증 나고 우울합니다. 그러다가 학교에 가서 친구들을 만나면 금세 즐거워지지요. 이렇게 그때그때 감정에 따라 기분이 달라지는 것은 날씨와 닮았어요. 그런데 선생님이 생활기록부에 밝고 긍정적인 학생이라고 기록한다면, 이건 오랜 기간 지켜본 뒤 나의 성격을 표현한 것이지요. 기후와 닮았습니다.

오늘 낮에는 바람이 불고 기온이 8도까지 내려간다고 하면 날씨를 얘기하지만, 이 계절에는 으레 일교차가 크고 맑은 날이 많다고 하면 기후를 말하지요. 동남아 국가는 덥지만 몽골은 서늘한 기후이고, 지중해 연안은 바다를 끼고 있어 사계절 온화한 기후랍니다. 날씨에 따라 기온은 매일 오르락내리락하지만, 오랜 기간의 평균을 구하면 오른 값과 내린 값은 서로 상쇄되어요. 기후란 땅과 대기와 바다가 균형을 이루며 긴 호흡으로 움직이는 모습입니다.

지구온난화에서 말하는 전 지구적인 기후는 평균기온을 말해요. 지구 기온이 상승하는 동안에도 극지처럼 기온이 더 많이 올라가는 곳과, 바다처럼 덜 올라가는 곳도 있어요. 우리나라 주요 도시는 전 지구 평균보다 2배나 빠른 속도로 기온이 오릅니다. 도시에는 인공적인 열원이 많고, 밤에도 좀처럼 열기가 식지 않기 때문이에요.

지구 기후는 지난 백만 년 동안 6차례 이상 빙하기와 간빙기를 반복하는 변화를 겪었어요. 추울 때는 전 지구 평균기온이 4도 정도 낮아졌고, 따뜻할 때는 1도 정도 올라갔어요. 5천 년에 대략

1도 정도의 느린 속도로 기온이 변한 것이지요. 지구는 태양에너지를 받은 만큼 같은 양의 직외선 에너지를 우주로 되돌려주어 균형을 맞춥니다. 지구의 자전축이나 태양의 공전 궤도가 달라지거나 태양에서 보내 주는 빛의 세기가 달라지면, 거기에 맞추어 지구로 들어오고 나가는 에너지가 같아지도록 지구 온도가 적응해 왔던 거지요. 다만 느리게 변화가 진행되다 보니 사는 동안 큰 변화를 느끼지 못한 채 적응하며 살아왔던 거지요.

》100년 사이 1도 상승은《 너무 빨라

산업 활동으로 대기 중 이산화탄소량이 지나치게 빠른 속도로 증

가하며, 지난 100년 사이 전 지구 평균기온이 1도나 상승했어요. 그간 인류가 경험해 온 속도보다 10배 이상 빠른 수치예요. 세계 곳곳에서 온난화의 영향이 확인됩니다. 해수면이 상승해서 열대 섬나라가 물에 잠기고, 바다 수온이 상승해서 산호초가 하얗게 썩으며, 극지와 고산지대의 빙하는 녹고 있지요. 최고기온은 계속 기록을 갈아 치우고, 여기저기에서 폭염과 가뭄, 산불이 발생하고 있어요.

이 모든 게 산업혁명 이후 전 지구적으로 기온이 1도 조금 넘게 오르는 동안 우리 주변에서 일어나는 기후변화의 모습이에요. 21세기가 끝나기 전까지 전 지구 평균기온은 최소 1도에서 많게는 5도 이상 더 오른다고 해요. 여기에 엘니뇨* 나 동아시아 몬순** 같은 이상기후가 겹치면, 기온이 훨씬 많이 오르는 곳도 나오겠지요. 특히 극지와 고산지대는 기온이 더 많이 오를 수 있어요. 어느 때보다 국제적인 협조가 필요하며, 생활 속에서 온실 기체를 줄여 가는 작은 실천이라도 꾸준히 해야겠습니다.

★ 적도 동태평양의 해수 온도가 높아져 비구름이 발달하며 홍수가 나는 반면, 서태평양 수온은 낮아져 가뭄이 오는 이상기후 현상.

★★ 여름에는 대륙이 더워져서 바다에서 대륙으로 바람이 불고, 겨울에는 따뜻한 바다로 바람이 부는 계절풍 현상, 여름에는 내륙에 비가 자주 오고 겨울에는 건조해진다.

온난화와 기후변화

2

온실 기체가 오난화의 주범일까?

오랜 세월 지구 기후는 자연적인 이유로 더워졌다가 추워지곤 했 지만, 요즘의 급격한 지구온난화는 주로 인간 활동에 따른 결과라고 합니다. 어떻게 밝혀냈을까요?

대기에 둘러싸인 지구는 땅속에서 지열이 올라오지만, 가만두면 적외선을 계속 방출하며 열을 빼앗겨 언젠가는 우주에 떠도는 혜성처럼 차갑게 식겠지요. 하지만 매일 햇빛을 받아 열에너지를 보충하는 덕에, 지구는 긴 세월 동안 일정한 온도를 유지해 오고 있어요. 받는 열량과 빼앗기는 열량이 비슷해 지구 에너지가 균형을 이루고 있지요.

햇빛은 대기를 지나다가 기체나 구름에 흡수되거나 반사되어 우주로 되돌아가지만, 절반 이상은 땅이나 바다에 흡수되어 열에너지로 탈바꿈해요. 이 열이 다시 대기 중으로 옮겨 가 바람을 일으키고, 바람은 그 열을 기온이 높은 곳에서 낮은 곳으로 나누어 주지요. 또 바다에 쌓인 열은 해류를 일으키고, 해류는 열을 수온이 높은 곳에서 낮은 곳으로 옮겨 줍니다. 이와 같은 열 순환 덕에 지구는 오랜 기간 사람이 살기에 알맞은 온도를 유지해 왔어요.

》온난화가 문제야?《
빙하기도 있었다는데

산업화로 이산화탄소, 메탄 같은 온실 기체가 늘어나면서 이것들이 지구 표면이나 대기가 방출한 적외선을 흡수하고, 그중 일부는 지표로 되돌려줍니다. 그 과정에서 지표 온도가 높아지는 온난화가 일어났지요. 산업 활동으로 온실 기체가 늘어나고 이것이 지표 온도를 높인다는 건 이미 100년 전부터 과학자들이 주장해 온 가설입니다.

반대 의견도 만만치 않았답니다. 간간이 화산이 폭발하며 대기 중으로 올라간 화산재가 햇빛을 가리면, 전 세계적으로 이상 한파와 굶주림이 생기는 이변이 일어났는데 이것은 온난화에 반대되는 역사 기록이지요. 무엇보다 관심을 끌었던 건 빙하기와 관련된 가설입니다. 지난 백만 년간 지구는 크고 작은 빙하기를 여섯 차례 이상 겪었고, 그동안 지구는 더워졌다가도 다시 추워지며 빙하기가 오가는 패턴을 반복했어요. 가장 최근의 빙하기는 일만 천 년 전에 일어났는데, 극지나 고산에 빙하가 있다는 것 자체가 지구가 과거에 빙하기를 거쳐 왔다는 걸 증명하고 있습니다. 게다가 앞으로도 지구자전축의 기울기나 지구가 공전하는 궤도, 태양 흑점 활동의 주기가 맞아떨어지면 언제든지 빙하기가 또 올 수도 있다고 해요.

하지만 빙하기와 같은 자연적인 기후변동은 매우 느린 속도로 일어나지만, 산업 활동에 따른 온난화는 매우 빠른 속도로 기후변화를 일으킨다는 게 기후 과학자들이 우려하는 점입니다.

》기후 모델로 검증한《
온난화 가설

온난화 가설을 검증하기 위해 실험을 한다 해도 하나뿐인 지구를 대상으로 직접 기후 실험을 할 수는 없겠지요. 그래서 컴퓨터를 이용한 가상 실험을 생각해 냈어요. '자연을 닮은 디지털 쌍둥이' 를 컴퓨터 프로그램으로 만들어 내어 기후를 재현하거나 전망해 보았지요. 아파트 견본 주택을 모델하우스라고 부르듯이, 이 디지털 쌍둥이도 기후 모델이라고 부른답니다.

기후 모델은 살아 있는 지구를 본뜬 거라서 그 안에서 대기, 해양, 식물군, 빙하 등 지구 구성 요소들이 어떻게 서로 작용해서 기후를 변화시키는지 이해하기 쉽게 도와주지요. 또 사람이 산업 활동을 함으로써 배출된 이산화탄소가 자연계 안에서 대기나 바다를 통해 순환하는 물리 화학적 과정도 상세하게 계산해 냅니다. 기후 과학자들은 이 기후 모델로 지표에서 배출하는 온실 기체의 양도 마음대로 바꿔 볼 수 있고, 사람이 경작하는 땅의 면적도 늘리거나 줄여 볼 수도 있어요. 자동차나 공장에서 나오는 에어로졸이나 화산재 농도도 변경해 가며 실험해 볼 수 있고요.

기후 모델에 산업혁명 이전부터 지금까지의 각종 기상 데이터를 입력하여 살펴보는 실험을 했더니, 산업 활동에 따른 온실 기체 증가분을 제대로 넣었을 때만 가파르게 상승해 온 온난화의 경향을 재현할 수 있었다고 해요. 반대로 자연적인 기후 요인만으로는 이 같은 기온 경향을 얻을 수 없었지요. 기후 모델마다 계산 알고리즘은 다양하지만, 결론은 크게 다르지 않았습니다. 과학자들이 온실 기체가 지구온난화의 주요 원인이라는 걸 과학적으로 신뢰하고 있는 이유이지요.

3

온난화로 가뭄과 홍수가 심해진다고?

기온이 상승하면 어느 지역에서는 가뭄과 산불이 심해지고, 다른 지역에서는 홍수와 태풍이 세진다고 해요. 왜 지역에 따라 반대인 기상 현상이 심해질까요?

세계지도를 펼쳐 보면, 육지의 절반가량이 건조 지대라는 게 그리 놀라운 게 아닙니다. 굳이 기후변화를 따지지 않더라도 이미 지구 위에는 강수량이 풍족한 곳과 적은 곳이 함께하고 있지요.

강이 정해진 길목을 따라 물을 실어 나르는 것처럼, 대기에도 물길이 있어 바람이 그 통로를 따라 수증기를 운반합니다. 그래서 바다에서 나오는 수증기가 육지에 고루 퍼지는 대신 물길을 따라 특정한 곳에 몰려 있게 되지요. 그러다 보니 대기의 수증기 물길이 지나가는 곳에는 강수량이 늘어나 심한 곳은 홍수가 나고, 이 물길이 피해 가는 곳에는 가뭄이 생기게 됩니다. 그렇다면 온난화가 심해져 지구 기온이 올라가면, 지구의 물순환계에는 어떤 변화가 일어날까요?

》온난화로 땅은 메마르지만《
바다의 수증기는 늘어나

온난화로 기온이 오르면 육지는 지면에서 수분 증발량이 늘어납니다. 이렇게 토양에서 수분이 증발하는 동안에는 에너지를 소비하므로, 햇빛을 받아도 지면 온도는 쉬이 올라가지 못해요. 그러다가 토양수분이 줄어들면, 지면은 햇빛에 빠르게 반응하며 온도가 올라갑니다. 기온이 오르면 건조한 땅은 더욱 건조해지고, 주변 지역으로 건조 지대는 확장됩니다. 그래서 대기의 수증기 물길이 비껴가는 곳에서는 가뭄 지역이 늘어나게 되는 거지요.

그런데 온난화로 홍수도 심해집니다. 수온이 올라가면 바다에서 증발하는 수증기량이 늘어나서, 기온이 1도 오를 때마다 대기가 껴안을 수 있는 수증기량은 7%씩 증가해요. 이것들이 바람을 타고 어디론가 옮겨 가 응결하여 비나 눈으로 내리면 그만큼 강수량도 늘어나겠지요. 그래서 대기의 수증기 물길이 지나가는 곳에서는 더 많은 비나 눈이 내리게 돼요. 수증기를 먹고 성장하는 태풍의 강도도 세지고, 높아 가는 해수면에 태풍, 해일이 겹치면서 해안 저지대는 침수 지역이 늘어나게 됩니다.

》제트기류가 가뭄과《 홍수 지역을 가르고

게다가 중위도 지역은 늘 서에서 동으로 편서풍이 불지요. 대류권 위쪽에서 특히 강하게 부는 바람을 제트기류라고 하는데, 띠 모양으로 지구 허리를 빙 두르고 있어요. 온대저기압이 이 띠를 따라가며 빠른 속도로 비나 눈을 몰고 다니므로 일종의 날씨 고속도로인 셈이지요. 고속도로는 직선으로 죽 이어지다가도 때로는 구불구불 돌아가기도 해요. 마찬가지로 날씨 고속도로도 뱀처럼 남북 방향으로 사행하기도 한답니다. 제트기류가 관통하는 곳에서는 비나 눈구름이 자주 지나면서 강수량이 많아지고 지나치면 홍수가 나기도 하지요. 한편 제트기류가 북쪽이나 남쪽으로 많이 비껴나는 곳에서는 한동안 비나 눈구름이 지나지 않고 대신 강렬한 태양 빛으로 가물게 돼요. 그러다 보면 어느 나라에는 물난리가 났는데 이웃 나라는 폭염에 허덕이는 경우가 생기게 됩니다.

　　그런데 온난화로 기온이 오르면 제트기류가 구불구불 사행하면서, 가문 곳은 수분을 더 많이 빼앗기고, 강수량이 많은 곳은 수증기를 더 많이 받게 되어 지역에 따라 폭염과 호우의 강도가 커질 수 있겠지요.

》온난화는 산불을 부르고,《 산불은 온난화를 부채질하고

　　우리나라는 온난화가 진행되면 여름철에는 대기의 물길을 따라 한반도로 들어오는 수증기량이 늘어나며 비가 집중적으로 내리고, 겨울 건기로 가면서 기온은 상승하며 증발량이 늘어날 가능성이 크지요. 그렇게 되면 마른 겨울이나 봄철에 산불에 취약한 기간도 점차 늘어날 것입니다.

인도네시아를 비롯해 산림이 많은 나라의 흙 속에는 탄소가 많이 쌓여 있는데, 산불이 나면 이것들이 손쉽게 대기 중에 날아가지요. 온난화가 산불을 부르고, 산불은 더 많은 이산화탄소를 대기에 쌓이게 하여 온난화를 부채질하는 악순환이 이어질 수 있어요. 그렇게 되면 기후변화도 예상보다 빨라질 수 있겠지요.

4

극지는 왜 온난화에 더 취약할까?

온난화로 극지 얼음 면적이 계속 줄어들고 있어요. 극지는 기후 변화에 더 취약하다는데, 극지는 왜 다른 지역보다 빠르게 기온이 오르는 걸까요? 극지 얼음이 녹으면 우리에게 어떤 영향을 미칠까요?

영화 〈타이타닉〉은 호화 유람선이 빙산에 부딪히며 생기는 연인들의 슬픈 사랑 이야기입니다. 타이타닉호가 1912년 4월 10일, 2,200여 명을 태우고 영국 사우샘프턴 항구를 떠날 때만 해도 사람들은 이 거대한 배는 절대 침몰하지 않을 거라는 확신에 차 있었지요. 하지만 첫 항해에 나선 지 채 며칠도 안 되어 북대서양 한가운데서 가라앉고 말았어요.

지금까지도 사고 원인에 대한 설이 분분하지만, 이상기후도 사고를 부추기는 원인으로 빼놓을 수 없어요. 북극 주변의 바다는 겨울철 얼음으로 덮여 있다가 여름이 가까워지면 얼음이 녹아내리며 쪼개져서 바다로 떠내려가지요. 사고가 났던 4월엔 주변 바다에 900개 이상의 빙하가 떠돌아다니고 있었답니다. 북대서양 바다는 그해 겨울 유난히도 북서풍이 강하게 밀고 내려와 빙산이 남쪽으로 멀리까지 떠내려간 것이지요. 타이타닉호도 평소 다니던 뱃길보다 더 남쪽으로 항로를 잡았지만, 빙산이 생각보다 더 많이 남하했던 겁니다.

》극지 얼음이 녹으면《 온난화가 빨라진다

최근에는 온난화로 북극해의 얼음이 더 많이 녹아내리고 있는데, 기후 과학자들은 앞으로 20~30년 안에 북극해의 얼음이 여름 한때 모두 녹을 거라는 우울한 전망을 하고 있어요. 남극대륙의 얼음도 마찬가지입니다. 이곳에는 두께가 1600미터나 되는 얼음층이 깔려 있는데요. 워낙 기온이 낮고 건조해서 눈이 안개비처럼 가늘게 내려와도 증발하지 못해 얼음으로 쌓이는 거예요. 다만 남극대륙은 얼음층이 두꺼워 온난화가 심해지더라도 이게 모두 녹으려면 북극해보다 훨씬 오랜 시간이 걸리겠지요.

그런데 극지의 얼음이 녹는 게 대체 나와 무슨 상관이 있는 걸까요. 지구 시스템에서 보면 극지 얼음은 온난화를 막는 마지막 저항선이에요. 바람이 극지의 차가운 기류를 더운 곳으로 보내거나, 더운 열기를 극지로 불러들여 식혀 주는 역할을 합니다. 얼음이 녹아 물이 될 때 많은 열을 거두어 가는 만큼, 얼음이 남아 있는 동안은 온난화가 진행되는 걸 늦출 수 있겠지요.

과학자들은 내부의 구성 요소들이 서로 부추기며 시스템을 한쪽 극단으로 몰고 가는 양의 되먹임이 일어나는 것에 주목하는

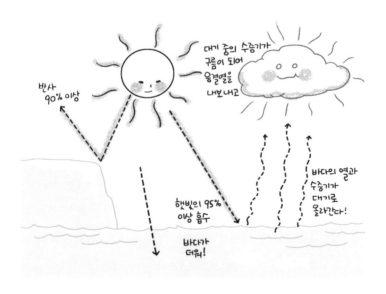

데요. 얼음은 햇빛을 최고 90% 이상 반사해 되돌려 보내지만, 맨 바다는 95% 이상 햇빛을 흡수합니다. 온난화로 바다 얼음이 일단 녹으면 그곳으로 햇빛이 들어가 바다에 열에너지가 축적되겠지요. 또한, 바다의 열과 수증기가 대기로 옮겨 가 바람을 타고 날아가 구름이 되면, 이때 생긴 응결열로 대기를 덥힙니다. 그래서 기온이 상승하면 다시 얼음이 녹아내리고, 바다의 수온이 오르면서 온난화를 더욱 부추기는 고리가 완성되는 겁니다.

》동토가 녹으면《
땅속의 온실 기체가 나와

극지를 포함한 고위도 지역은 온난화가 진행되며 기후변화에 가장 취약한 곳이에요. 과학자들은 이곳이 전 지구 평균보다 훨씬 가파르게 기온이 오를 것으로 전망하고 있어요. 시베리아를 비롯해 러시아, 캐나다 등 북반구 고위도의 툰드라 동토에는 많은 미생물과 고생명체들이 갇혀 있어요. 그뿐만 아니라 동토는 탄소를 많이 껴안고 있는데, 그 안에 대기보다 2배나 많은 탄소가 들어 있답니다.

온난화로 기온이 상승하여 동토가 녹으면 이것들이 화학작용을 일으켜 이산화탄소와 메탄을 대기 중으로 뿜어내게 됩니다. 메탄은 이산화탄소보다 온실효과가 훨씬 큰 데다, 20년 이상 대기 중에 체류하며 그 효과가 지속되지요. 동토가 녹아 땅속의 메탄이 나오면 대기 온도가 상승하고, 이 때문에 더 많은 동토가 녹으면서 더 많은 메탄이 배출되는 악순환이 반복돼요. 기후변화가 더욱 빨라질 수밖에 없어요.

극지는 온난화로 인한 기후변화가 가장 극심하게 일어나는 곳이기도 합니다. 극지가 녹아내리면 온난화 속도가 더욱 빨라져 지금껏 전망한 기후변화보다 훨씬 극심한 폭염과 이상기후에 시달릴 가능성이 있어요. 게다가 얼음이 녹아내리면 해수면이 높아지고, 수온이 올라가면 바닷물이 팽창하는 만큼 해수면이 추가로 상승하겠지요. 이번 세기 말에는 해수면이 지금보다 1m 이상 높아질 거라는 전망도 나와 있는데, 여기에 조석이나 태풍으로 해일이 겹치면 해안 도시에서는 침수 피해가 늘어나겠지요.

극지는 우리나라에서는 아주 멀리 떨어진 곳이지만, 극지 얼음의 동향이 한반도의 기후변화에도 직결되어 있기 때문에 관심을 가져야 합니다.

5

빙하 코어는 어떻게 타임캡슐이 되었나?

만년설을 파고 내려가 빙하 코어를 채취하면 과거의 날씨에 대해 알 수 있다고 해요. 만년설에 갇힌 눈은 어떻게 공기를 가두어 오래 보존할까요?

눈 결정은 모양도 각양각색이지요. 육각형이나 별 모양도 있고 바늘처럼 뾰족한 것도 있는데, 이 결정들이 서로 얽히면 천 가지 모양이 만들어집니다. 이것들은 구름 속에서 충돌하며 합쳐지기도 하고 분리되기도 하면서 눈송이가 되어 내려오지요. 또 과냉각 물방울을 만나면 눈 결정 주위가 물로 코팅되기도 합니다.

그렇게 덩치를 키운 눈송이가 땅 위에 내려앉으면, 마치 테트리스 벽돌쌓기 게임을 하는 것처럼, 차곡차곡 모양이 맞는 것끼리 달라붙으며 쌓이지요. 성냥개비로 쌓아 올린 구조물처럼 쌓인 눈의 뼈대 안에는 송송 공기가 들어차 있답니다.

》눈에 섞인 공기가《 얼음 안에 갇혀

땅에 내려온 후에도 눈송이의 여정은 계속되는데요. 눈송이의 뾰족한 부분은 오목하게 팬 곳보다 표면장력이 커서 수증기가 들락날락하며 오목한 곳으로 가 달라붙고, 눈송이 모양은 점차 둥그렇게 변해 갑니다. 차곡차곡 눈이 쌓여 깊이가 더해질 때마다 무게가 커지면서 아래쪽의 눈은 더 높은 압력을 받게 되지요. 거기에 지열도 가세하며 온도가 높은 아래쪽에서는 수증기가 더 쉽게 들락날락하면서, 온도가 낮은 위쪽으로 옮겨 가 달라붙지요. 그러다가 온도가 0도 부근으로 높아지면 녹은 물이 코팅이라도 하듯 공기구멍을 에워싸며 기포는 자연히 얼음 안에 갇히게 됩니다.

극지의 얼음 조각은 불투명해 보이는데, 얼음 속 기포가 빛을 산란하기 때문이에요. 더 신기한 것은 이 얼음 조각을 물에 넣으면 톡톡 튀는 소리가 나는데, 얼음 속에 들어 있는 기포가 터지면서 내는 소리입니다. 그냥 맹물을 얼린 얼음은 기포가 생기지 않아 투명하고, 물에 넣어도 특별한 소리가 나지 않는 것과는 달라요. 예민한 감각을 가진 사람이라면 극지 얼음의 기포에서 나온 냄새에서 그 옛날 공룡의 커다란 입을 스쳐 간 흔적을 찾아낼지도 모르지요.

》 빙하 코어는 《 눈의 나이테

나무는 매년 하나씩 나이테를 만들지요. 따뜻한 여름에는 줄기가 크게 성장하고 추운 겨울에는 움츠린 흔적을 보여 줘요. 유난히 습하고 더운 여름이라면 나이테의 폭도 넓어지고, 반대로 가물고 서늘한 여름이라면 그 폭은 좁아질 겁니다. 나무가 다치지 않게 조그만 구멍을 낸 다음 기다란 봉을 꺼내 보면, 연대별로 다르게 생겨난 나이테의 모양을 보고 지나온 세월 동안 나무가 겪은 가뭄과 홍수, 폭염과 한파의 이야기를 들을 수 있어요. 나무가 일종의 타임캡슐인 셈입니다. 오래된 바이올린이나 전통 가옥의 목재를 조사하면 만 년 전의 기후도 알아낼 수 있다고 하지요.

마찬가지로 만년설을 바닥까지 파고 내려가 빙하 코어(ice core)를 채취하면, 당시의 공기를 껴안은 날씨 기록을 복원해 낼 수 있답니다. 빙하 코어는 얼음 속에 파이프를 밀어 넣은 후 끌어

올린 얼음 봉인데요. 그 안에 눈의 나이테가 새겨져 있어요. 극지나 고산지대에 여름이 찾아오면 햇빛에 눈이 녹지 않더라도 빙질이 달라지고, 추운 계절로 돌아서면 눈이 제대로 쌓이면서 하나의 나이테가 만들어집니다. 눈의 나이테를 보면, 연도별로 기온과 강수량의 흔적을 찾을 수 있어요. 또한 기포 안에는 당시의 기체나 먼지, 꽃가루 등의 성분 농도가 그대로 간직되어 있어, 이것들이

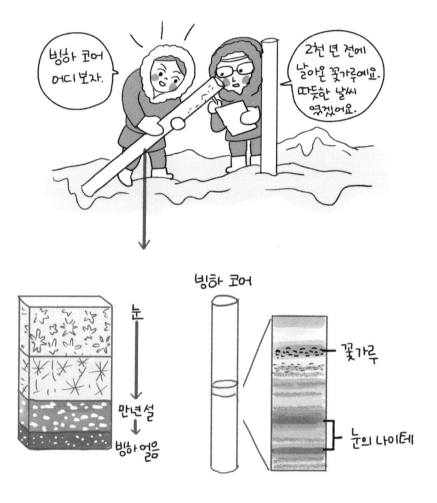

어디서 날아온 것인지 말해 주지요. 또 산소나 탄소 분자를 분석하여 10만 년 전까지 과거로 거슬러 가 당시의 기온과 이산화탄소 농도를 추정해 낸답니다.

과학자들은 알프스 산지 4,400m 해발고도에서 길이가 72m나 되는 빙하 코어를 시추해 꺼냈는데, 그 안에 든 얼음 기포를 분석해서 지난 2천 년간의 기후를 복원해 냈지요. 기포의 화학 성분에는 역사적 사건의 증거가 담겨 있었답니다. 화산재가 담긴 기포에서는 1783년 아이슬란드에서 화산이 폭발해 날아온 것을 알아냈지요. 납 성분이 줄어든 기포에서는 1348년 흑사병이 창궐하여 사람들이 주조 사업을 포기했던 이야기를 찾아냈어요. 당시에는 납 광석에서 은을 채굴하여 은화를 주조했는데, 이 활동이 줄면서 대기 중으로 나오는 납 성분도 덩달아 줄어든 거지요.

겨울철 온대저기압이 지나갈 때면 한반도에 머물던 기체가 눈송이와 함께 남풍을 타고 북녘으로 날아가 만년설에 파묻혔을 텐데요. 그곳에서 빙하 코어를 꺼내 볼 수 있다면, 기포 안에 갇혀 있던 우리 선조들의 삶의 행적을 찾아볼 수도 있겠지요.

6

하늘이 더 어두워졌다고?

산업이 발전하고 도시가 확대되면서 온실 기체와 함께 먼지와 에어로졸도 많이 쌓입니다. 온난화가 진행될수록 왜 하늘이 더 어두워지는 걸까요?

지구상에는 수시로 마그마가 올라오며 화산이 폭발해요. 지구 내부는 활활 타오르는 용광로나 다름없지요. 불의 고리를 따라 용암이 꿈틀대며 화산이 폭발하는데, 용암에서 나오는 뜨거운 열기로 화산재는 하늘 높은 곳까지 올라갈 수 있어요. 지구를 둘러싼 공기층 중 대류권 위에 있는 안정한 성층권에 진입한 가벼운 입자는 오랫동안 이곳에 머물다가, 바람을 타고 점차 넓은 지역으로 퍼져 나가 한동안 햇빛을 가리지요. 필리핀의 피나투보화산이 1991년 폭발한 후 화산재가 햇빛을 가리며 전 지구 기온이 1도 내려갔다고 해요.

》화산이 폭발하자《
여름이 사라졌어

1815년 인도네시아 탐보라화산이 폭발하자 전 세계적으로 냉해가 찾아오고, 기아와 질병이 퍼지며 유럽에서만 10만 명 이상이 사망했어요. 그래서 이듬해인 1816년은 '여름이 없는 해'로 불렸지요. 이상기후로 신음하던 그 특이한 여름에 영국 시인 바이런을 비롯한 유명 문인들이 스위스에 갔는데, 궂은 날씨가 이어지다 보니 꼼짝없이 산장에서 지내게 되었어요. 자연히 화제도 음울한 독일 유령에 관한 이야기들이었지요. 후일 산장에서의 잡담이 모티브가 되어 참석자들은 기괴한 이야기를 책으로 엮어 냈는데, 시인 셸리의 약혼녀 메리 울스턴크래프트 셸리는 『프랑켄슈타인』을 썼어요. 바이런의 전담 의사 존 윌리엄 폴리도리는 『뱀파이어』를 내놓았고요. 두 소설에 등장하는 괴물들의 기괴한 분위기만 보아도 당시 날씨가 얼마나 음산했는지 짐작할 수 있어요.

대기 중에는 화산재가 아니더라도 작은 입자들이 많이 떠다닙니다. 검댕, 타고 남은 재, 흙먼지, 질산염 같은 먼지들을 에어로졸이라고 하는데, 맑은 날이라도 지평선 부근 하늘을 보면 이것들이 다른 기체와 합하여 햇빛을 산란시켜요. 그러면 빛의 경로가 길어지며 푸른빛의 강도가 약해지는데, 작은 에어로졸 입자들과 산란하는 희뿌연 색이 합쳐져 하늘색이 연하고 탁해 보인답니다.

에어로졸이 공중에 떠 있다가 햇빛을 흡수하거나 산란하면 다양한 색깔을 보이지요. 대기의 혈색을 보면 대기가 오염물질을 많이 먹어 얼마나 아픈 건지 대충 짐작할 수 있답니다. 질산염 성분의 에어로졸은 갈색을 띠고, 매연이나 그을음 성분이 든 에어로졸은 흑색을 띠지요. 그래서 대기오염이 심한 날은 지평선에 나란하게 줄로 그은 듯한 어두운 갈색 띠를 볼 수 있어요. 또 해가 질 무렵에는 저녁놀이 붉게 보이는데, 거기에 에어로졸이 가세하면 진한 적갈색을 띠기도 해요.

자동차, 폐기물 소각장, 제련소, 발전소 등 일상생활이나 산업 활동으로 온실 기체를 배출하는 곳에서는 대기오염을 일으키는 탄소, 황산염, 질산염 같은 에어로졸 입자도 함께 뿜어져 나와요. 이 입자들이 햇빛을 흡수하거나 산란하므로 하늘이 어두워지며, 지면 온도는 떨어지고 대기 온도를 높여 줘요. 또 검댕이 얼음이나 해빙에 달라붙으면 얼음이 햇빛을 더 많이 흡수하며 빨리 녹게 되므로 온난화를 부추기기도 해요.

1950년 이후에는 지표에 도달하는 햇빛의 양이 꾸준하게 줄어들어 하늘이 더 어두워졌어요. 산업 활동으로 대기 중에 온실 기체가 늘어나며 온난화가 진행되는 동안, 에어로졸도 함께 늘어난 거지요. 그런데, 1990년대 들어서면서 하늘이 환해지고 있어요. 1980년대 후반 구소련의 붕괴와 경기 침체로 에어로졸 입자가 덜 배출되기도 했고, 우연하게도 피나투보화산 폭발로 늘어난 화산재가 진정되는 시기와 겹치기도 합니다. 그래서 하늘이 다시 환해지는 게 일시적인 현상인지, 다른 과학적 원인이 있는지 조사가 진행되고 있습니다.

스반테 아레니우스 (1859~1927)

이산화탄소 배출과 지구온난화의 관계

스반테 아레니우스는 스웨덴 대학에서 물리학, 화학, 수학을 공부하였다.

그는 어떤 물질을 물에 녹인 용액이 전기가 통하는 것은 이 물질이 이온으로 해리되기 때문이라고 밝혔다.

1903년에 노벨 화학상을 받았지!

아레니우스는 대기 중의 이산화탄소 농도 상승이 지구 지표의 온도 상승으로 이어진다는 것을 1896년 학술논문에서 밝혔다.

내가 계산해 보았더니, 대기 중 이산화탄소 농도가 2배가 되면 지구는 5~6도나 더 상승하게 될걸세.

1906년에는 이를 1.6 ℃(수증기 효과를 감안 하면 2.1 ℃)로 수정하였는데, 현재의 추정치는 2~4.5 ℃ 이다. 당시의 미미한 이산화탄소 농도 증가로부터 그 효과를 비교적 정확하게 추정한 것이 놀랍다.

1.6℃?

2℃?

지구는 계속 더워질지도…….

덥다 더워

이미 오래전에 계산이 나왔군요.

2장

기상관측과 지구 기후의 미래

7

캄캄한 밤에 폭풍우를 탐지한다고?

레이더는 전자파를 이용하여 멀리서 다가오는 비행기를 추적합니다. 캄캄한 밤 멀리서 다가오는 폭풍우는 어떻게 탐지하는 걸까요?

전자레인지에서 나오는 마이크로파 전자파가 음식물에 흡수되면 물 분자가 이리저리 빠르게 춤추면서 수분 온도가 올라가게 되지요. 이 마이크로파는 파장이 수 mm에서 수 cm로 가시광선보다 훨씬 길다 보니, 대기 중 먼지나 구름 속 작은 물방울에도 큰 방해를 받지 않고 멀리 뻗어 나갈 수 있답니다.

공항에 가면 관제탑 부근에 막대기처럼 뱅글뱅글 돌아가는 게 눈에 띄지요. 공항 주변에서 움직이는 표적을 감시하는 레이더 장비입니다. 레이더는 이동하는 물체에 마이크로파를 쏜 뒤, 되돌아오는 전자파를 분석하여 여객기의 이동속도와 거리, 방향을 알아차려서 공항 관제에 활용해요. 제2차 세계대전 중에는 이 마이크로파를 이용하여 적이 멀리서 다가오는 걸 감지하는 레이더 기술을 개발하려고 혈안이 되었죠. 또 전자파를 방해하여 적의 레이더 감시망을 뚫고 몰래 목표물에 다가가려고도 했어요. 영국 수상 윈스턴 처칠은 보이지 않는 전자파를 이용하여 상대방을 군사적으로 압도하려는 방식을 두고 '마법사의 전쟁'이라고 불렀어요.

》폭풍우를 탐지하게 된《 군사기술

햇빛에는 모든 파장의 전자파*가 담겨 있지만, 가시광선 파장대

★ 전자파는 전기가 흐를 때 그 주위에 발생하는 파동으로, 주파수에 따라 감마선, X선, 자외선, 가시광선, 적외선, 전파 등으로 분류한다.

에 대부분의 에너지가 담겨 있어 마이크로파 영역의 감도는 매우 약합니다. 그래서 마이크로파를 직접 만들어 내는 기술이 중요했지요. 전자레인지 안에는 마그네트론이 들어있어서 강한 마이크로파가 나옵니다. 제2차 세계대전 때만 해도 마그네트론은 첨단 기술에 속했지요. 영국 정보부는 군용 레이더를 대량생산하려고 마그네트론 시제품을 비밀리에 미국으로 보냈는데, 수송 도중 시제품을 독일군한테 뺏기지 않으려고 보안을 유지하는 과정은 마치 007 첩보작전 같았어요. 그런데 당시의 레이더에는 방해꾼이 있었지요. 마이크로파가 먹구름에 들어가면 빗방울이나 눈송이에 부딪혀 산란하거나 흡수되면서 전파강도가 약해졌어요. 신호가 교란되니 먹구름 뒤에 적기가 숨어서 다가오면 이를 레이더로 찾아내기가 쉽지 않았답니다.

전쟁이 끝난 1940년대 말, 반전이 일어났어요. 한때 레이더에서 들리는 잡음이라서 지우고 싶었던 강수 에코(echo)가 오히려 폭풍우를 감시하는 중요한 신호로 둔갑했어요. 강수 에코란 빗방울, 눈송이 같은 입자에 전자기파가 부딪혀 나는 잡음을 메아리에 빗댄 표현이에요. 본래 레이더는 군사 용도로 발명한 것인데, 기상재해를 일으키는 폭풍우를 미리 탐지해 생명을 구하는 평화적 수단으로 쓸 수 있게 되었어요.

》폭풍우 속에서는《
다르게 반응하는 마이크로파

관악산에 오르면 축구공 같은 게 첨탑 위에 떠 있는 걸 볼 수 있는데요. 그 돔 안에 기상레이더 송수신 안테나가 360도로 뱅글뱅글 돌아가고 있답니다. 시간에 따라 고도 각을 높이며 하늘을 샅샅이 훑고 지나가지요. 폭풍우가 다가오면 기상청 예보관들은 레이더 영상을 판독하느라 아주 바쁘답니다.

영상 판독 과정은 X선으로 가슴 사진을 찍어 폐 건강을 진단하는 걸 생각해 보면 알기 쉬워요. X선은 피부를 뚫고 들어가 뼈 조직에 부딪히고 되돌아오는 신호를 사진에 인화합니다. 이때 손상된 조직에서는 다른 방식으로 X선을 산란하므로 그 차이를 식별하여 질병 감염 여부를 진단하지요. 마찬가지로 기상레이더에서 나온 마이크로파 전자파도 구름 속 살점을 지나 강한 비나 눈이 내리는 영역에서는 다르게 반응한답니다. 그 점에 착안하여 레이더 영상의 신호를 보고 비나 눈구름의 강도와 이동속도를 판독해 내지요.

기상레이더는 소나기구름의 동태를 샅샅이 감시하고 이동해 가는 경로를 바로바로 추적해서 강한 소나기와 우박, 돌풍이 오기 전에 피해가 우려되는 지역에 미리 대비하도록 도움을 줍니다. 여객기를 타고 가는 도중에도 비행기에 장착한 기상레이더가 항로상의 강한 폭풍우를 미리 탐지해 주므로, 조종사는 우회하여 승객의 안전을 지킬 수 있답니다.

8

천리안 위성이 2분마다 구름 사진을 찍는다고?

우리나라 주변의 날씨가 궁금하면 기상위성에서 보내온 구름 영상을 봅니다. 기상위성은 구름의 어떤 성질을 이용하여 관측하는 걸까요?

잔뜩 흐린 날에는 지평선 너머까지 구름이 하늘을 가득 메워 어디가 끝인지 알 수 없지요. 사방이 어둡고 기분도 우울해집니다. 그런 날이라도 막상 비행기를 타고 구름 위로 올라가면 전혀 다른 세상을 만나게 되지요. 위에서 내려다본 구름은 유난히 새하얀 흰색을 선보이며 눈부시게 빛납니다. 올려다본 구름과 내려다본 구름이 주는 인상이 아주 다르다는 걸 실감하게 되지요.

독수리의 눈으로 구름을 본다면 어떤 느낌이 들까요. 둥그런 지구의 곡률을 생각한다면 확 트인 곳이라도 지평선까지 직선거리는 불과 4km가 채 안 돼요. 하지만 고도 300m에 떠 있는 독수리의 눈으로 바라본 지평선은 62km까지 늘어납니다. 그래 봐야 온대저기압에 동반된 구름대 전체를 한눈에 보기에는 역부족입니다. 온대저기압이나 태풍이 몰고 다니는 구름대는 한반도와 주변 바다를 채우고도 남을 만큼 광대하니까요. 예전에는 지상에서 관측한 자료를 조각조각 짜맞추어 비나 눈 구름대의 윤곽을 상상해 가며 그려 냈어요. 날씨의 나무를 볼 뿐, 숲 전체를 보지는 못했죠.

》위성으로 한눈에 파악하는《 거대한 구름

제2차 세계대전이 끝나면서 사정이 달라졌어요. 전쟁에 쓰던 로켓 기술로 위성을 우주 공간에 쏘아 올리자, 지구의 전체 모습을 한 번에 볼 수 있게 되었죠. 기상위성 티로스1(Tiros-1)이 1960년에 지구궤도에 진입했는데, 열대 해상에서 움직이는 태풍이나 중위도에서 이동하는 온대저기압이 몰고 다니는 거대한 구름대의 실체가 처음으로 드러나게 되었어요. 그 후 기상위성 탐측 기술은 발전을 거듭해 왔습니다.

우리나라 기상청에서 운영하는 천리안 기상위성은 적도 상공 36,000km에서 높은 해상도로 한반도 주변의 구름 사진을 2분 간격으로 찍어 내고 있어요. 우주정거장은 400km 고도에 낮게 떠 있다 보니 한두 시간에 한 번씩 지구를 돌고 있지만, 이 기상위성은 워낙 높게 떠 있어서 지구와 똑같이 하루에 한 번 돌 수 있어 우리 눈에는 정지해 있는 것처럼 보입니다.

구름 영상을 판독하면 어느 곳에 발달한 구름이 끼어 있는지, 어디에 엷은 구름이 있는지, 어디에 낮은 구름이 피어오르는지 등을 한눈에 살필 수 있어요. 구름대가 바다를 건너며 해면에서 열과 수증기를 받아 발달하거나, 대륙을 지나면서 세찬 비를 퍼붓고 강이 범람하는 것도 자세히 살필 수 있답니다. 구름을 통해서 대기와 땅과 바다가 한데 어울려 일구어 내는 물의 순환과정을 온전히 들여다볼 수 있게 된 거지요.

》밤에는 열 감지 카메라로《 구름의 체온을 재

위성은 어떻게 구름을 알아보는 걸까요. 위성은 구름이나 땅, 바다에서 나오는 빛을 모아 재구성하여 영상 이미지를 만들어 내요. 구름 안에는 다양한 크기의 물방울이나 얼음 입자가 떠 있는데요.

햇빛이 입자에 산란하여 여러 방향으로 분산하는 대로, 빛은 빈 곳으로 새어 나갑니다. 구름에서 나오는 빛을 위성에서 보는 것은 땅 위에서 보는 것과 정반대예요. 구름층이 얇으면 이걸 뚫고 내려온 빛이 많아 우리 눈에는 밝게 보이지만, 위성에서는 되돌아오는 빛이 작아지므로 어둡게 보일 겁니다. 반면 구름층이 두터우면 위성을 향해 반사한 빛이 많아져 밝게 보이겠지요. 그래서 가시광선으로 찍은 구름 영상에서 밝은 부분은 두터운 구름이라는 걸 알 수 있어요. 특히 태풍의 눈 주변에 유난히 밝은 도넛 모양의 띠가 눈에 띄는데, 여기에 가장 두텁게 발달한 소나기구름대가 모여 있답니다.

우리 눈은 적외선을 감지하지 못하지만, 위성에서는 한밤중에도 열 감지 카메라로 구름을 찍어요. 열상 카메라로 체온을 잴 때, 체온이 높은 부위와 낮은 부위를 각각 다른 색으로 보여 주는 것과 마찬가지로, 구름의 체온을 위성에서 살피는 거지요. 그런데 구름 속 입자들도 주변 공기와 같은 온도를 가지므로, 높게 뜬 구름일수록 온도가 낮겠지요. 그래서 구름 온도를 보면 얼마나 높게 떠 있는 구름인지 알 수 있어요.

9

AI가
일기예보를
한다고?

인공지능(AI) 기술이 발전하여 자동차가 자율 주행하고, 도시의 하늘을 무인비행기가 떠다닙니다. 알파고가 바둑을 배운 것처럼 인공지능 기술로 날씨도 예측할 수 있을까요?

바둑은 알을 두는 위치에 따라 달라지는 경우의 수가 너무 많아, 오래전부터 계산하기 힘든 신의 영역으로 남아 있었지요. 그런데 수년 전 알파고가 바둑 고수를 이긴 다음부터는 인공지능을 보는 눈이 달라졌어요. 그동안 기계는 사람이 시키는 것만 계산하는 줄 알았는데, 알파고가 프로들이 바둑을 둔 기록을 학습해서 숨어 있는 규칙을 스스로 찾아내는 능력을 보여 준 거지요.

》일기예보를 하려면《 엄청난 계산량이 필요해

일기예보는 지난 60여 년간 컴퓨터 계산 과학과 인공위성의 원격 탐측 기술과 함께 비약적으로 발전해 왔습니다. 1922년에 영국의 기상학자 루이스 리처드슨은 복잡한 대기 방정식을 덧셈과 뺄셈만으로 풀어내 날씨 흐름을 예측해 보려 했지요. 혼자서 몇 주 동안 손으로 푸는 계산에 몰두하여, 유럽 지역의 날씨를 6시간 전에 알아맞히려 한 겁니다. 하지만 폭풍우가 지나가고 한참이 흘러서야 간신히 계산을 마칠 수 있었답니다. 날씨를 예측하는 게 그만큼 어려운 과학의 문제이고, 그걸 풀어내는 데 엄청난 계산량이 필요했지요.

1950년대에 처음으로 컴퓨터가 세상에 나오자, 과학자들은 일기예보에 이 컴퓨터를 먼저 응용하여 계산 성능을 시험했어요. 기상을 예측하려면 많은 계산을 빠르게 해내는 컴퓨터가 절실했으니까요. 그 후 컴퓨터 기술이 발전하면서 계산 속도는 계속 빨라졌는데, 오늘날 기상청 슈퍼컴퓨터는 전 세계인이 5년간 계산할 분량을 단 1초에 해낸답니다. 이 빠른 컴퓨터로도 몇십 분을 계산해야 앞으로 열흘간의 일기를 예측할 수 있으니까, 일기예보에 얼마나 방대한 계산량이 소요되는지 짐작해 볼 수 있겠지요.

오늘날 우리나라를 비롯한 여러 국가들은 기상 예측 프로그램을 슈퍼컴퓨터에서 구동하여, 날씨를 좌우하는 기온, 기압, 바람, 습도, 강수량 같은 기상요소를 촘촘하게 분석해 내는데요. 이때 사용하는 기상 예측 프로그램이 수리 계산을 통해 대기와 닮은 디지털 쌍둥이를 만들어 낸다 해서 '수치예보 모델'이라고 불러요. 컴퓨터에서 그려 낸 대기의 모습을 자연에서 채취한 관측 자료와 비교해 가며 고쳐 가야 하는데요. 기상위성이나 기상레이더에서 보내 주는 원격 탐측 자료뿐만 아니라, 고층에 풍선을 띄우거나 바다에 부표를 띄워 관측한 자료도 모두 쓰입니다.

》인공지능이《
날씨를 배울 수 있을까?

수치예보 모델에서는 현재의 날씨에서 미래의 날씨까지 보여 줄 뿐만 아니라, 지나온 과거의 날씨도 재생해 냅니다. 이 자료들이 슈퍼컴퓨터 안에 차곡차곡 쌓여 4차원 데이터베이스를 구성하지요. 과거부터 미래까지 전 세계의 날씨가 바둑판처럼 질서정연하게 보관되어 있어요. 그 안에 오랜 세월 수많은 과학자의 지식과 기술이 집약되어 녹아 있어요. 이걸 기계가 배울 수 있다면 일기 예보 분야에도 알파고가 나올 수 있겠지요. 많은 과학자가 앞다투어 기계 학습 기술을 일기예보 분야에 응용하는 연구를 진행하고 있어요. 기계 학습이란 인공지능 기술의 한 분야로서, 학습을 통해 자료의 규칙이나 패턴을 찾아내 문제 해결을 도와주는 도구입니다. 슈퍼컴퓨터에 저장된 날씨 기록을 기계가 학습하여 스스로 예측하는 능력을 기계에 심어 주려는 게 핵심이지요.

세계적인 컴퓨터 기상 예측 기관인 유럽 중기 예측센터에서는 수치예보 모델에 바탕을 둔 컴퓨터 기상 예측 결과와 기계 학습으로 예측한 결과를 비교하여 매일매일 인터넷에 올려 두고 있어요. 큰 규모의 대기 운동만 놓고 본다면 기계 학습으로 예측한 결과도 그리 나쁘지 않습니다. 다만 비나 눈, 강풍처럼 우리가 체감하는 날씨는 작은 운동이 결부되어 있어서, 앞으로 기계 학습이 이 방면에서 얼마나 진보할 수 있을지, 또 언제쯤 그런 기술에 다가설 수 있을지 궁금해집니다.

10

날씨를 맘대로 조절할수 있을까?

비가 오게 하거나 바람이 불게 하는 등 날씨를 마음대로 조절하고 싶은 것은 인류의 오랜 꿈입니다. 과학의 힘은 과연 어디까지 가능할까요?

중국의 고전인『삼국지』에는 유비와 손권의 십만 군대가 양쯔강의 적벽에서 조조의 팔십만 대군을 싸워 이긴 이야기가 나옵니다. 이 지역은 한겨울이면 늘 북서 계절풍이 불어 대던 곳이라 바람을 등지고 싸우는 조조가 유리했지요. 하지만 유비·손권 군대의 제갈량은 바람이 남동풍으로 바뀌는 순간을 기다렸다가 오히려 조조의 배들을 향해 불화살 공격을 펼쳤죠. 조조의 배들은 바람을 타고 날아온 불화살에 제대로 피하지도 못한 채 잿더미가 되고 말았답니다. 제갈량이 남동풍을 불러온 것일까요, 아니면 온대저기압이 지나가면서 잠시 남풍이 불어온 것일까요?

나폴레옹이 활약하던 유럽 전쟁이나 미국 남북전쟁 때만 하더라도 큰 전투로 벌판이 피로 흥건하게 괴면 비가 온다는 이야기를 믿었지요. 또 대포를 비구름에 쏘거나 폭약을 공중에서 터트리면 비가 올 줄 알았다고 해요. 소나기구름에서 우박이 떨어질 것 같으면 구름을 향해 대포를 쏘아 그 소리에 구름방울이 놀라거나 우박이 깨지면서, 우박의 피해를 막을 수 있다고도 보았지요.

》태풍의 강도와《
진로를 조절한다고?

구름 씨앗을 뿌려 구름을 조절하는 방법이 있어요. 비행기에서 구름에 드라이아이스나 소금 가루를 뿌리거나, 지상에서 에어로졸을 연기와 함께 올려 보내 구름방울을 더 많이 키우는 방식으로 날씨를 조절하는 방법인데요. 지금도 가뭄이 심각해지면 요오드

화은이나 다른 화학물질을 구름 씨앗으로 삼아 비나 눈을 내리게 하는 인공 조절 실험이 계속되고 있답니다.

제2차 세계대전 중에 등장한 원자폭탄이나 레이더는 전투에서 승기를 잡는 게임 체인저가 되었어요. 그래서 신의 영역이라는 날씨도 마음대로 조절할 수 있다는 장밋빛 꿈에 부풀게 되었습니다. 오죽했으면 원자폭탄을 터트려 태풍의 진로를 바꿀 수 있다고 믿는 사람들이 나타났을까요. 자연의 거대한 힘 앞에 달걀로 바위 깨기일 뿐인데요.

미국 정부에서는 1983년까지 20여 년간 '스톰 퓨리(storm fury)'라는 인공 조절 프로젝트를 수행했어요. 우리말로는 '격노한 폭풍'인데, 사나운 폭풍을 길들이는 프로젝트라는 얘기일 겁니다. 태풍의 엔진이라 할 수 있는 눈 외벽의 좁고 깊게 발달한 구름대에 구름 씨앗을 주입하면, 구름 구역을 외곽으로 흩뜨려 바람의 강도를 줄여 볼 수 있겠다는 생각이었지요. 태풍의 강도나 진로를 마음대로 바꿀 수 있다면 전쟁에서 상대를 힘 안 들이고 괴롭힐 수 있을 것이고, 태풍도 멀리 바다로 보내 버려 국민을 홍수와 해일에서 보호할 수 있을 거라는 기대감도 컸을 겁니다. 하지만 이 시도는 성공하지 못했어요. 원자폭탄을 터트려 봐야 작은 태풍 하나가 가지는 에너지를 감당하지 못하기 때문이지요. 게다가 실험 의도와는 다르게 엉뚱한 곳에 비나 눈이 내리거나, 그 실험 때문에 다른 지역에 홍수가 났다며 고소 고발이 뒤따랐으니까요.

》날씨를 조절하기보다는《
예측 정확도를 높이는 게 중요

또 미군이 베트남전에서 1967~1972년에 비밀리에 수행한 인공 조절 실험이 닉슨 행정부 때 탄로 나면서 국제 여론도 나빠졌어요. '뽀빠이 작전'이란 실험인데, 은이나 납 성분이 든 가루를 구름에 뿌려 장맛비를 늘리는 게 목적이었어요. 큰비가 쏟아지면 도로가 물렁거리고, 강물이 범람하며, 산사태가 일어나 적이 쉽게 기동하지 못할 것으로 생각했지요. 하지만 이 실험도 뚜렷한 성과 없이 끝났어요. 게다가 구름 씨앗으로 뿌렸던 화학제가 환경과 사

람 모두에게 해롭다는 게 뒤늦게 알려진 후, 유엔은 군사적 목적으로 인공 조절 실험을 해서는 안 된다는 규약을 제정하였습니다.

지금도 인공 조절 연구는 계속되고 있지만, 아직도 자연에 대해 모르는 것이 많고 자연은 다루기 어렵다는 걸 배우는 중입니다. 다만 국지적으로는 비행장 주변에서 이 기술을 응용하여 안개를 흩뜨리는 데 효과를 보고 있답니다. 요즈음은 태풍을 길들이겠다는 생각보다는 태풍의 피해를 줄이기 위해 예측 정확도를 높이고, 예상 피해 지역 주민과 소통을 강화하여 피해를 줄이는 데 더 열중이랍니다.

11

날씨를 오감으로 느낄 수 있을까?

자동차 내비게이션을 켜면 입체 지형 사이로 난 도로가 실감나게 눈앞에 들어옵니다. 이렇게 가상현실이 생활 속 깊숙이 들어와 있는데 미래의 날씨나 기후도 오감으로 느껴 볼 수 있을까요?

영화 〈아바타〉에서는 가상 세계의 원시족들이 하늘과 바닷속을 마음껏 휘저으며 갖가지 모험을 펼칩니다. 컴퓨터그래픽으로 탄생한 4차원의 세계에서 활약하는 아바타의 표정이나 감정이 마치 배우가 직접 연기하듯 생생하게 느껴지지요. 또 영화 〈투모로우〉에서는 온난화가 심해지며 열대의 따뜻한 바닷물을 북대서양으로 옮겨 주는 해류의 흐름이 급변하자, 강한 폭풍이 추위와 거대한 파도를 몰고 오지요. 뉴욕시를 삼켜 버릴 듯 거대한 물기둥이 선 채로 맹렬하게 해안으로 몰려와 눈앞에서 부서지며 하얀 포말로 사라지고, 뒤이어 계속 새로운 파도가 솟구칩니다. 물기둥이 한발한발 도시를 향해 다가오는 장면에서는 마치 지구의 종말을 보는 듯하지요.

》코딩으로《 동영상 프레임을 만든다

영화는 이런 일들을 어떻게 눈앞에서 일어나는 것처럼 실감 나게 보여 주는 걸까요? 영화 필름에는 여러 장의 프레임이 연결되어 있는데, 하나의 프레임에서 다음 프레임이 나오기까지의 시간 간격은 불과 1/24~1/60초 정도로 짧아요. 예전에 디즈니 애니메이션은 각각의 프레임을 일일이 그려서 동영상을 만들었는데, 지금은 대부분 컴퓨터그래픽으로 프레임을 제작하지요.

파도를 다룬 동영상이라면, 파도가 만들어졌다 사라지고 이동하는 원리를 컴퓨터 프로그램에 코딩하고 실행해서 연속적인 프레임을 만들어요. 프로그램은 자연의 원리를 컴퓨터가 이해하는 언어로 풀어낸 코드인데요. 같은 프로그램을 여러 번 반복 실행하고, 그때마다 만들어 낸 프레임을 시간의 순서에 따라 배열하면, 파도가 밀려오는 모습을 매끈하게 재현할 수 있어요. 프레임의 시간을 거꾸로 되돌리면 지나온 이야기가 되고, 미래로 확장하면 가 보지 않은 세상의 이야기가 된답니다.

》다가올 폭풍우를《 영화처럼 보여 줄 수 있을까

날씨 앱은 나의 위치를 추적하여 현재의 날씨와 며칠간의 일기예보를 알려 줘요. '오늘 맑음, 현재 기온 30도, 내일 오전 비, 오후 흐림, 아침 최저기온 25도, 낮 최고기온 35도'. 이것은 슈퍼컴퓨터에 있는 전 세계 날씨 데이터베이스에서 고객 위치에 맞는 것만 골라 내 가공하여 알려 준 것이죠. 이 데이터베이스에는 현재부터 가까운 미래까지 전 세계의 기온, 기압, 강수량, 바람 같은 기상 자료가 빼곡하게 있어요.

슈퍼컴퓨터는 기상 예측 프로그램을 빠른 속도로 구동하여 날씨를 계산해 냅니다. 프로그램 안에는 대기 과학자들이 코딩한 기상 변화의 원리가 들어 있어요. 그 안에 빼곡히 채워진 컴퓨터 명령어를 책자로 만들면 천 권이 넘는 방대한 분량이겠죠. 전 세계 주요 기상센터에서는 수백 명의 과학자들이 거대 프로그램을 고치고 고치기를 거듭하고 있어요. 몇십 년째 하나의 프로그램을 고수하지만, 매년 새로운 버전으로 업그레이드되죠. 그만큼 날씨를 재현하거나 예측하는 프로그램은 만들기도 어렵고, 제대로 성능을 내도록 다듬어 가는 것도 어려워요.

실제 세계와 가상의 객체가 한데 어우러진 걸 증강 현실이라고 해요. 증강 현실 기술을 날씨 데이터베이스에 적용하면, 내가 운전하면서 몇 시간 후 겪게 될 날씨를 내비게이션의 지도 위에서 입체적으로 볼 수도 있어요. 또 비행기를 타고 가면서 만나는 소나기구름과 그 밑에 쏟아지는 우박이나 번개의 섬광도 생생하게 볼 수 있지요. 지구 곳곳을 자유롭게 드나들며 일기예보를 하는 기상 캐스터를 볼 수도 있어요. 비를 맞으며 파리 에펠탑 앞에 서 있거나, 자외선 지수가 높고 맑은 날 시드니의 오페라하우스 앞을 지나가는 연기도 스스럼없이 할 수 있겠지요.

몇몇 방송에서는 증강 현실 기술을 날씨 해설에 도입하여 자연재해의 위험을 효과적으로 전달하고 있답니다. 태풍이 다가오면 리포터가 강풍이 부는 해안에 나가서 강한 비바람을 맞고 있는 영상물을 보여 주고, 한파가 몰아칠 때는 눈보라 속에서 도로에 갇힌 차량의 모습을 보여 주죠. 같은 기술을 더 멀리 내다보는 데 응용하면, 미래 기후도 눈앞의 현실처럼 오감으로 느껴 볼 날이 올 수 있을 거예요.

12

기후전망 시나리오에서 어떤 선택을 할까?

일기예보는 열흘 정도 가까운 미래의 날씨를 내다보며 하나의 시나리오를 보여 주지만, 기후전망은 몇십 년 후까지 먼 미래 기후를 여러 개의 시나리오로 보여 줍니다. 기후변화를 전망할 때 왜 다양한 시나리오를 제시할까요?

구름은 잠시 한눈파는 사이에 모양이 바뀌고, 바람에 실려 멀리 떠밀리다가 어느 순간 사그라들어요. 그러다가 또 다른 구름이 언저리에서 피어나고요. 구름은 순간순간이 변칙의 연속입니다. 기상학자 에드워드 로렌츠는 간단한 소나기구름의 대류 운동이라도 예측 가능한 기간에는 한계가 있다는 걸 보여 주었어요. 그 기간을 넘어서면 더 이상 멀리 예측하는 게 어렵다는 거지요.

밀반죽에 잼을 조금 묻힌 후 밀대로 한 번 밀어 넓게 퍼뜨리면 밀 덩어리와 함께 잼도 넓게 퍼져요. 그 다음 반으로 접어 밀면 잼 부위는 윗면과 아랫면으로 퍼지겠지요. 이렇게 반으로 접은 후 밀어내는 과정을 여러 번 반복하고 나면, 처음에 한데 모여 있던 작은 잼의 반점은 복잡하게 얽히고설켜 밀가루 반죽 전체 공간에 퍼지게 됩니다. 단순하게 밀고 접는 동작을 몇 번 거쳤을 뿐인데, 잼이 밀반죽 안에서 퍼져 가는 모습을 더 이상은 추적하기 어려워지지요.

》수많은 운동이《
복잡하게 얽혀 있는 지구 대기

이제 소나기구름을 밀 덩어리라고 하고, 그 안에 잼 대신 요오드화은 가루를 조금 뿌려 놓았다고 생각해 봐요. 구름 안에서 은가루가 구름 입자와 복잡하게 반응하는 것은 밀반죽에 잼을 조금 묻힌 후 밀고 접기를 반복하는 것에 비유할 수 있어요. 시간이 흘러 어느 시점에 이르면 은가루가 구름에 일으키는 변화를 더 이상 추적하거나 계산하기가 불가능해집니다. 이런 걸 로렌츠는 결정론적 카오스라고 불렀어요. 단순한 대류 운동이라도 처음 출발점이 조금 달라지면 얼마 안 가 전혀 딴판의 궤적을 보인다는 거지요. 지구 대기는 수많은 운동이 복잡하게 얽히고설켜 있을 뿐만 아니라, 바다와 식생과 극지 얼음과 소통하며 열려 있는 시스템이라서 그 예측 한계가 훨씬 클 거라는 겁니다.

그래서 내일 날씨는 시간대별로 도시별로 자세하게 예보해 주지만, 다음 계절은 지역이나 시점을 뭉뚱그려 전망해 줍니다. 예를 들면 "우리나라는 이번 여름철 계절 평균기온이 평년값보다 높을 확률이 40%입니다"라는 식이지요.

》대기 운동, 생태계 변화,《 온실 기체 배출량까지 반영한 기후 모델

온난화로 일어날 기후변화를 전망하려면 컴퓨터에서 '기후 모델'을 구동하여 계산한 결과를 우선 참고하는 게 좋아요. 컴퓨터에서는 구름 내부를 작은 방으로 쪼갠 다음, 방마다 한 개의 표본을 대표적으로 채취하여 구름의 운동을 계산합니다. 잘게 쪼갤수록 구름의 운동을 정교하게 다룰 수 있겠지만, 계산량이 기하급수적으로 늘어나는 게 문제이지요. 방 하나의 크기가 고척 돔구장만 하지만, 앞으로 컴퓨터 공학이 발전해서 더욱 빠른 컴퓨터가 나오면 방의 크기를 줄여 갈 수 있을 겁니다.

기후 모델 안에는 대기가 구름은 물론이고 땅, 식생, 바다, 극지 빙하 등과 복잡하게 얽히고설켜 상호작용하는 과정이 들어 있어요. 그러니 단위 구역이나 시간을 줄여 정교하게 계산한다고 해서 결과가 더 정확한 것도 아니랍니다. 자연에는 아직 우리가 모르는 게 많고, 알고 있는 것도 기후 모델에 반영하기가 쉽지 않으니까요.

한편, 온난화로 인한 기후변화는 산업 활동으로 배출되는 이산화탄소나 메탄 같은 온실 기체가 주요 원인이라서 기후 모델에 산업 활동 영역도 다루어야 합니다. 그런데 앞으로 일어날 이산화탄소 배출량을 전망하기가 만만치 않지요. 그래서 다양한 기록과 전문가들의 의견을 모아 몇 가지 배출 시나리오를 구성한 뒤, 각각의 온실 기체 배출량을 가정하고 기후 모델에 입력하여 전망치를 최종적으로 계산합니다.

기후 전망 시나리오는 지구 시스템뿐만 아니라, 온실 기체 배출에 개입하는 각종 불확실한 요인까지 감안하라는 무언의 암시 같은 거예요. 너무 먼 미래의 기후를 하나로 꼭 짚어 낼 수 없으니, 가능한 선택지를 여럿 보여 주겠다는 선언인 셈입니다. 어떤 선택지를 찾아가게 될지는 지금을 사는 우리의 몫이겠지요.

빈센트 섀퍼 (1906 - 1993)

인공강우의 원리

미국의 기상학자. 유니언대학과 데이비 트리 외과 대학교를 졸업한 뒤 1933년부터 1954년까지 제너럴 일렉트릭 연구소에서 근무했다.

제2차 세계대전 당시 군용기 운항에 문제가 되었던 항공기 외부에 얼음이 얼게 되는 현상을 연구했다.

비행기 날개에 성에가 껴서 골치 아프군!

구름 속 과냉각 물방울이 차가운 표피에 달라붙으면 얼게 된다. 하지만 주변에 작은 얼음 결정이 많으면, 과냉각 물방울이 작은 얼음 입자에 먼저 달라붙느라 항공기 외부에는 얼음이 생기지 않는다는 것을 밝혀냈다.

안개로 가득 찬 냉장고에 드라이아이스 파편을 떨어뜨리자 작은 얼음 결정이 만들어졌다!

실제 구름에 떨어뜨린다면?

드라이아이스

1946년 항공기로 메사추세츠 상공에 작은 드라이아이스 알갱이를 뿌려 인공눈을 내리게 함으로써, 구름물리학과 과학적 기상조절 연구의 새로운 지평을 열었다.

인공강우의 핵심 원리는 구름 안의 과냉각수를 응결하거나 얼게 만드는 구름씨를 뿌려 구름이 비 또는 눈을 쉽게 내리도록 돕는 것이다.

3장

대기의
겉과 속

13

지구는 왜 살기 좋은 행성일까?

태양계의 여러 행성 중에서 지구는 독보적이지요. 산소가 풍부하고 날씨도 사람이 살기에 적당해요. 다른 행성과 지구의 날씨는 어떻게 다를까요?

달의 적도에서는 낮 동안 온도가 섭씨 120도까지 오르다가도, 밤이 되면 영하 130도 아래로 곤두박질합니다. 하루 사이에 기온 차이가 무려 250도나 되지요. 낮과 밤의 일교차가 큰 우리나라의 봄가을에도 20도가 안 되는데요. 지구에서 일교차가 가장 큰 곳은 건조한 아열대 사막 지역입니다. 낮 동안에 섭씨 40~50도까지 올라가고, 밤이 되면 영하로 떨어지기도 하니까요. 하지만 일교차가 250도인 달에 비하면 20%에 불과하답니다.

》 지구 극지에서도 《 사람이 살 수 있는 이유

달에 비해 지구의 일교차가 크지 않은 건 물과 공기가 있기 때문이에요. 지구는 낮에 지면이 햇빛을 받아도 토양에 있는 수분이 증발하느라 온도가 천천히 올라가고, 밤에는 지면에서 내보낸 적외선 에너지를 대기가 흡수하여 되돌려주므로 온도가 떨어지는 걸 막아 줍니다. 이렇게 지구에는 물과 대기가 있어서 일교차가 크게 벌어지지 않도록 완충 역할을 하고 있어요.

　달의 날씨는 지역에 따라 크게 달라져요. 달의 적도가 뜨겁게 달아오르는 한낮에도 극지의 분화구 같은 음지는 일 년 내내 해가 들지 않아 영하 250도까지 떨어져요. 적도와 극지 사이에 온도 차가 무려 370도나 되는 셈이죠. 반면, 지구에서는 적도에 가까운 열대 지역이라고 해도 최고기온이 섭씨 40도를 조금 넘는 수준이고, 가장 뜨겁다는 사막도 60도에 못 미쳐요. 또 가장 춥다는 남극에서는 최저기온이 영하 90도 정도이고요. 즉 지구의 더운 곳과 추운 곳의 온도 차이는 대략 130도 정도이므로, 달과 비교하면 1/3 수준인 거죠.

지구에서는 물과 공기가 더운 곳에서 추운 곳으로 열을 고루 섞어 줘서 달처럼 지역 간 기온의 차이가 극단적으로 벌어지지는 않아요. 아이슬란드처럼 극지 가까운 나라에서도 겨울철 눈 대신 비가 오기도 하고, 사람이 살 수 있는 이유랍니다.

》지구와 이웃한《
금성, 화성에서 사는 건 어떨까?

금성은 평균온도가 섭씨 464도로 뜨거워서 사람이 살 수 없는 곳이에요. 금성의 공기는 대부분 이산화탄소인데, 요즈음 기후변화의 주범으로 불리는 바로 그 온실 기체지요. 금성의 대기압은 지구의 95배나 되어서, 온실 기체의 양은 지구보다 대략 9500배나 많습니다. 금성은 태양과 가까워 햇빛을 많이 받는 데다, 대기를 꽉 채운 온실 기체가 열기를 가두지요. 고열을 실어 나르느라 바람이 시속 360km로 불어 대니, 마치 매일 태풍이 지나다니는 것 같겠죠.

또 다른 이웃인 화성은 평균기온이 섭씨 영하 65도 정도로, 지구상의 어떤 곳보다 춥습니다. 지구보다 태양에서 멀리 떨어져 있는 데다 공기가 희박하거든요. 화성의 대기 또한 금성처럼 대부분 이산화탄소로 채워져 있어요. 다만 공기가 매우 희박해서,

지구 온실 기체 무게의 10분의 1보다도 작지요. 그래서 화성은 지구와 달리 온실효과가 매우 약하답니다. 게다가 대지는 온통 메마른 사막이라서, 햇빛을 받으면 강력한 먼지 폭풍이 대지를 휩쓸고 다니고요.

》지구자전축이《
기울어져 좋은 이유

금성과 화성의 중간에 놓인 지구는 햇빛이 적당히 들어옵니다. 게다가 대기 중 온실 기체의 총량이 1% 정도라서 기온이 평균 15도 정도로 쾌적한 편이에요. 바람도 우리가 사는 지상에서는 잔잔하죠. 바람이 매우 강한 편서풍 강풍대에 들어가도 풍속이 금성의 절반 가량인 시속 180km 정도예요. 지구 표면의 70%를 차지하는 바다에서는 연달아 수증기가 증발하고, 바람을 타고 다니며 구름이 됩니다. 열대우림에서는 연일 스콜이 반복되고, 중위도에는 온대저기압이 수시로 지나다니며 곳곳에 비나 눈을 뿌려 토양을 축축하게 적셔요. 먼지 폭풍 또한 화성처럼 매일 일어나는 게 아니라 아열대 사막이나 건조 지대에서 간간이 볼 수 있을 뿐입니다. 소나기구름이 발달하면 번개가 치지만, 토성에서 일어나는 번개보다는 훨씬 약한 수준이고요.

목성은 매우 춥고, 자전축이 3도밖에 기울지 않아 계절 변화도 밋밋한 반면, 지구는 자전축이 23.5도만큼 기울어져 있어서 온대 지방은 사계절이 뚜렷해요. 북반구와 남반구의 여름과 겨울이 반대라서, 한여름에도 겨울 나라로 여행 가서 즐겁게 지낼 수도 있지요. 게다가 열대에서 극지방까지 여러 기후대가 함께 있어서, 다양한 종의 동식물이 함께 어우러져 살아가고 있어요.

14

대기가
파도처럼
출렁인다고
?

우리는 대기의 바다 밑바닥에서 살아가지요. 대기도 파도처럼 출
렁거린다는데, 대기의 물결을 볼 수 있을까요?

바다 밑바닥에 사는 광어나 넙치는 납작한 몸체여서 수압을 견디며 바닥에서 살아가기 유리해요. 인간도 대기의 바다 밑에서 공기의 무게를 견디며 살아가요. 공기는 물보다 훨씬 가볍지만, 손톱만한 면적마다 1kg 무게인 대기의 추를 사람의 머리에 이고 다니는 셈이에요. 다만 태어나면서부터 대기 환경에 적응해서 그 무게에 둔감해진 것이지요.

》공기는 어떻게《 높은 하늘까지 퍼져 있나?

공기는 탄성력이 있지만, 물은 공기만큼 탄성력이 크지 않아서 압력을 받아도 부피가 크게 달라지지 않아요. 그래서 바닷물의 밀도는 수면 부근이나 깊은 바다 속이나 거의 비슷해요. 반면 공기는 탄성력이 커서 압력을 받으면 밀도가 쉽게 증가해요. 기체는 자기 분자량만큼의 무게를 가지므로 중력을 받으면 아래쪽으로 몰려요. 낮은 곳으로 내려올수록 기체의 밀도가 커지고 기압도 높아진답니다. 같은 이유로 높은 곳으로 올라가면 기체의 밀도는 작아지고 기압은 낮아지겠지요.

높은 산에 오르면 산소가 부족해서 숨이 가빠요. 공기 안에 산소가 차지하는 무게 비율은 23% 정도인데, 에베레스트 같은 높은 산 정상에 오르면 기압이 1/3 이하로 뚝 떨어지며, 산소량도 같은 비율로 떨어져요. 산소가 부족하면 숨이 가빠지고 힘이 빠지며, 두통과 어지럼증도 생기지요.

대기의 겉과 속

공기는 무게가 더해질수록 지면 부근에 포개져 얇은 막을 형성해야 하는데, 실제로는 왜 높은 하늘까지 뻗어 있을까요? 답은 높은 곳에서 낮은 곳으로 퍼지려는 기압의 힘에 있어요. 풍선에 숨을 불어 넣으면 풍선 내부에 쌓이는 공기만큼 밖으로 나가려는 힘도 세져서 풍선이 부풀어 올라요. 같은 원리로 지면 부근에 기체가 쌓이면 압력이 세져서, 기압이 약한 위쪽으로 기체를 내보내려는 힘이 생겨요. 아래로 누르는 중력과 위로 오르려는 기압의 힘이 같아질 때까지 기체는 대기층 상부까지 오르지요.

》 위성으로 《
대기의 물결을 볼 수 있어

대기는 멈춰 있는 것 같지만 사실은 쉬지 않고 움직여요. 따뜻해서 공기 밀도가 낮으면 주변 대기보다 가벼워져 떠오르고, 반대로 차가워서 공기 밀도가 높으면 주변 대기보다 무거워져 가라앉아요. 똑같이 햇빛을 받아도 지역에 따라 기온이 달라지고, 대기는 위아래로 들썩거리지요. 게다가 울퉁불퉁한 지형 위를 바람이 지나며 대기를 흔들어 놓고요. 그래서 대기도 파도처럼 늘 출렁인답니다.

대기압은 머리 위에 이고 있는 공기 기둥이 누르는 무게인데, 추운 겨울에 높아지고 더운 여름에 낮아져요. 날씨에 따라 하루에 0.3% 정도 변하고, 강한 폭풍우에도 2% 정도 변해요. 기압의 물결은 매우 약해서 보통 사람은 피부로 알아채지 못하지만, 외과 수술을 받았거나 신경 질환을 앓는 사람은 예민하게 느끼기도 하지요.

위성 영상으로 대기의 물결을 확인할 수 있어요. 영상에는 여기저기 구름 다발이 하얗게 빛나는데, 구름이 낀 곳은 물결에서 봉우리가 솟은 곳으로 기체가 상승하며 수증기가 응결한 거예요. 또 구름 주변의 맑은 곳은 움푹 골이 파이는데, 기체가 하강하며 수증기가 증발하고 구름이 사라진 거지요. 그래서 구름 지역과 맑은 영역이 반복하여 나타나면 대기의 물결이 출렁인다고 보면 돼요. 반면 대기가 매우 건조한 곳에서는 구름이 끼지 않아 위성 영상으로도 대기의 물결을 구별하기 어려워요. 최근에는 위성에서 레이저광선을 비추고 기체에서 산란하여 되돌아오는 전파 신호를 분석하여, 구름 없이 맑은 날에도 대기의 물결을 찾아내기도 한답니다.

한 주간의 날씨를 좌우하는 대기의 물결은 느리고 규모가 방대해서 동아시아 전체를 보아야 해요. 또 비행기를 괴롭히는 난기류는 빠르고 물결의 크기가 작아 경기도만 한 구역만 살펴도 윤곽이 드러나죠. 주의를 집중하면 위성 영상에서 크고 작은 대기의 율동이 서로 다른 속도로 퍼져 나가는 걸 볼 수 있어요.

15

왜
산에 있는 나무에
단풍이
먼저 들까?

열대 지역에서는 서늘한 고원지대에 도시를 만들어 살지요. 왜
산에서는 햇볕이 더 따갑고, 높은 산에 올라가면 더 추운 걸까요?

햇빛은 6천도가 넘는 태양의 외피에서 나온 것이라, 사람 체온보다 차가운 대기는 이 에너지를 잘 소화하지 못해요. 햇빛의 일부는 구름이나 기체에 산란하거나 흡수되기도 하지만, 대부분은 대기층을 통과해 내려옵니다. 햇빛 에너지의 일부는 지구 표면에서 반사하여 되돌아가고, 햇빛 에너지의 대부분은 지면이나 바다에 흡수되어 지구 표면을 가열하는 데 쓰여요. 지구가 햇빛을 소화하고 내놓은 열은 대류나 복사를 통해 다시 대기를 데우는 데 쓰이고요. 그래서 대기는 지면에 가까울수록 바닥의 열기를 더 많이 받게 됩니다.

》고도가 높을수록《 대기층이 얇어져

산에 오르면 햇빛의 강도가 커지는데, 고도가 높아져서 해와 좀 더 가까워진 때문일까요? 물론 아닙니다. 해와 지구 사이가 워낙 멀어서, 산과 평지의 거리 차이는 별거 아니지요. 중요한 건, 높은 산에 오르면 햇빛이 지나가는 대기층이 얇어진다는 거예요. 공기가 청정해서 햇빛이 먼지의 방해를 받지 않고 내려올 수 있어서 산지는 평지보다 햇볕이 따갑답니다.

평지에서는 한낮이 되어야 태양의 고도가 머리 위로 올라오며 햇살이 최고로 강해지지만, 산에 가면 지형에 따라 달라요. 아침에 평지에는 햇살이 비스듬히 내리쬐고, 양지바른 산 비탈면에는 거의 직각으로 햇살이 비치면서 빠르게 지면을 데워요. 그래서 해가 뜨면 동쪽 산 비탈면이 먼저 달궈지며, 계곡에서 능선을 향해 바람이 불고, 같은 조건이라면 산지에서 먼저 소나기구름이 발달하기도 합니다.

》대기층이 엷을수록《 기온은 낮아져

햇살에 반짝이는 산은 따뜻할 것만 같은데, 왜 산에 가면 기온이 떨어질까 걱정하는 걸까요? 산지는 아무래도 지형이 가려서 그늘이 쉽게 지고, 안개나 구름이 자주 끼다 보니 평지보다 해를 보기 어려운 곳이 더 많겠지요. 더 중요한 것은 지표가 방출하는 적외선의 역할인데, 대기는 지표에서 받은 적외선을 일부 되돌려주는 이불 역할을 해요. 비닐하우스를 따뜻하게 해 주는 온실효과와 같은 원리지요. 대기층이 두툼할수록 온실효과도 커집니다. 하지만 높은 산 위에는 대기층이 엷어 온실효과가 적어지니 그늘진 곳에서는 기온이 평지보다 더 많이 떨어지겠지요.

그래서 산을 오르면 낮에 해가 있을 때는 일시적으로 지표 온도가 올라가도, 주변 대기는 엷어 여전히 기온이 낮답니다. 한낮이라도 바람이 불거나 주변의 찬 공기가 섞일 때마다 찬 기운이 돌지요. 그러다가 해가 기울어지면 기온이 뚝뚝 떨어지는데, 밤새 적외선 에너지를 하늘로 내보내면서 기온이 큰 폭으로 내려가 일교차가 커져요. 특히 능선에는 바람이 강한 만큼 증발이 심하고, 토양이 메말라 낮과 밤의 일교차가 더 커진답니다. 같은 위도라도 고도가 높은 산지에서 기온이 낮고 일교차도 크게 벌어지니 단풍이 평지보다 빨리 들게 되는 거지요.

전문가들은 기후변화로 산지의 기온이 평지보다 더 많이 오를 거라고 전망하고 있어요. 지구는 현재 빙하기를 지나 간빙기에 속해 기온이 완만하게 오르는 추세라고는 하지만, 온난화가 진행되며 히말라야, 알프스, 킬리만자로 등 북반구 주요 설산의 빙하가 녹는 속도가 지나치게 빠른 것도 걱정이랍니다. 만년 설산에서 얼음이 녹아 맨땅이 드러나면, 햇빛은 더 쉽게 지면에 흡수되어 온도를 높이지요. 게다가 각종 매연이나 검댕이 눈 위에 앉으면 햇빛을 흡수하여 더 쉽게 눈을 녹이게 되고요. 산지의 기온이 오를수록 나무들은 더위를 피해 더 높은 곳으로 올라가고, 단풍 시기도 늦어지면서 지금처럼 고운 단풍색을 보기 어려울지도 모르겠네요.

16

잔잔한 날에도 언덕에 오르면 연이 뜨는 이유는?

높이 오를수록 바람은 강해집니다. 확 트인 산의 능선에 오르면 바람이 불어 시원한데, 바람을 일으키는 힘은 어디서 오는 걸까요?

연날리기를 해 본 적이 있나요? 여러 가지 색깔과 모양을 가진 연들이 하늘을 날면, 보는 사람도 기분이 상쾌해지지요. 바람을 타고 하늘 높이 연이 오를수록 연줄을 꼭 감아쥐어야 하는데, 예민한 친구라면 팔의 신경을 타고 들어오는 바람의 힘과 리듬을 느낄 수 있을 거예요.

바람이 약한 날이라면 열심히 달려 맞바람을 만들어 내거나, 높은 언덕으로 올라가면 연을 띄울 수 있어요. 우리나라와 같은 중위도 지역에서는 높이 올라갈수록 바람이 강해지기 때문이지요. 하지만 지면에 가까워지면 마찰력이 바람을 끌어당겨 바람이 약해집니다.

》햇빛이《
바람을 일으킨다

바람을 일으키는 힘은 어디서 오는 것일까요? 풍선을 불고 난 후 막고 있던 주둥이를 열어젖히면 공기가 빠지면서 주둥이 반대 방향으로 풍선이 튕겨 나가지요. 이때 풍선 주둥이 가까이 얼굴을 갖다 대면, 바람이 얼굴을 때리는 걸 쉽게 느껴 볼 수 있어요. 풍선 안쪽의 공기압력이 바깥보다 높다 보니 기압이 낮은 곳으로 힘이 작용하여, 공기가 주둥이로 빠져나가게 됩니다. 그 반작용으로 풍선은 주둥이 반대 방향으로 달아나는 거고요. 이처럼 바람이란 기압이 높은 곳에서 낮은 곳으로 작용하는 힘을 받아 기체가 이동하는 흐름을 말합니다.

대기의 겉과 속

열대지방은 태양고도가 높아 햇빛이 강렬한 데다, 일조시간이 길어 주변 지역보다 기온이 높지요. 더워진 공기는 팽창하며 하늘로 부풀어 오른 후 고위도를 향해 퍼져 나가요. 점차 힘이 빠지며 아열대에서 하강하게 되는데, 내려앉은 공기는 빠져나간 공기의 틈새를 메우려고 다시 열대로 들어가게 됩니다. 그렇게 하여 열대에서 상승했다가 아열대에서 하강하고 다시 열대로 되돌아가는 거대한 공기의 물레방아가 만들어져요. 이 현상을 처음 발표한 사람은 핼리혜성을 관측한 것으로 유명한 영국의 천문학자이자 기상학자인 에드먼드 핼리랍니다.

》지구 자전과《
바람의 방향

그런데 땅을 딛고 서 있는 우리뿐만 아니라, 머리 위의 기체 또한 지구와 같은 속도로 회전하고 있다는 걸 아나요? 바람과 기압의 관계는 생각보다 복잡합니다. 공기는 기압이 낮은 곳으로 곧장 나아갈 뿐이지만, 지구와 함께 돌고 있는 우리 입장에서는 거기에 지구의 움직임으로 인해 생기는 '겉보기운동'이 보태지지요. 그래서 아열대에서 하강한 공기가 다시 열대로 향할 때, 지구 자전효과 때문에 공기가 서쪽으로 휘면서 들어가요. 바람이 동쪽에서 서쪽으로 치우쳐 불어서 편동풍(무역풍)이라 불러요. 동쪽에서 서쪽으로만 부는 바람이니, 콜럼버스는 편동풍만 타고 가면 언젠가는 육지에 닿을 것이라고 생각했죠. 스페인에서 서쪽으로 항해한 끝에 결국 신대륙을 발견했어요.

》지구 자전과 센 기압의 힘,《
제트기류

열대에서 상승한 공기가 하늘 높이 고위도를 향해 흐르는 동안 지구 자전 효과가 작용하면, 이번에는 바람의 방향이 동쪽으로 휘어져 편서풍이 돼요. 이때 열대의 강한 열기가 상부에 압력을 가하면 극지 쪽으로 밀어내는 기압의 힘이 강해져서, 편서풍은 하늘 높은 곳에서도 풍속이 세답니다. 더구나 높은 곳으로 가면 공기의 밀도도 작아져서 바람이 더 빨라지고요.

한편 극지에서는 찬 공기가 바닥으로 더 많이 끌려 내려와 대기 상부에는 기압이 떨어집니다. 그러다 보니 열대의 더운 공기와 극지의 찬 공기가 만나는 중위도 대기 높은 곳에는 극지를 향해 밀어붙이는 기압의 힘이 유난히 강해 편서풍도 거세지고요. 바람이 워낙 빨라서 제트기류라고 불러요.

제트기류는 중위도 상공에서 열대와 극지의 공기가 만나는 경계를 따라 뱀처럼 구불구불하게 돌아다녀요. 시시각각 강풍대의 위치와 속력이 달라지지만, 대략 시속 180km로 빠릅니다. 비행기를 타고 한국에서 태평양을 건너 미국 워싱턴에 갈 때는 13시간 반이 걸리는데, 오던 길로 되돌아올 때는 2시간 이상 더 오래 걸려요. 미국으로 갈 때는 제트기류가 비행기를 뒤에서 밀어주지만, 돌아올 때는 비행기 앞을 가로막아서 이런 시간차가 생기는

거지요.

　베르트랑 피카르와 브라이언 존스는 1999년 3월, 성층권까지 올라가는 열기구를 타고 단 20일 만에 지구를 한 바퀴 일주하는 데 성공했답니다. 열기구를 타고 그처럼 빠르게 일주한 비결은 제트기류에 있었지요. 열기구는 스스로 나아갈 수는 없지만, 버너에 불을 때거나 멈추면서 올라가거나 내려갈 수 있어요. 가는 길에 바람이 도움이 될 때는 편서풍 고도에 올라가 제트기류를 타고, 바람이 방해될 때는 고도를 낮추면서 이동했다고 해요.

17

땅의 **열기**는 어떻게 **대기**에 **전해질까**?

지면 가까이에서는 난류가 활발하게 일어나며 열과 바람을 섞어 줍니다. 햇빛과 바람은 어떻게 난류를 일으킬까요? 난류는 땅의 열기를 어디까지 올려 줄 수 있을까요?

모든 생물은 물속이든 공기 중이든 흐르는 유체 속에서 살아갑니다. 그래서 가만히 있는 나뭇잎에도 바람이 스치면 난류가 일어나 이파리 기공에서 수분이 빠져나가지요. 뜀박질을 하거나 바람을 맞으면 유체의 흐름을 피부로 느끼게 됩니다. 피부 가까이에는 난류가 일어나 몸속의 열과 수분을 바깥 공기와 섞는 얇은 공기층이 있는데요. 그 바깥에서는 난류가 현격히 약해지므로, 이 공기층을 경계층이라고 부릅니다.

더운 날 실내에서 에어컨 바람을 쐬면 시원하지요. 실내 온도가 체온보다 많이 낮아질수록 피부에서는 열적 난류가 더욱 활발하게 일어나는데, 여기에 선풍기 바람까지 얼굴에 갖다 대면 한결 시원해져요. 바람이 피부를 스치며 일으킨 난류가 열적 난류에 더해져서, 몸의 열을 더욱 효과적으로 빼앗아 가니까요.

》난류가 열과 바람을《 뒤섞는다

지구를 에워싼 대기도 표피 가까이에 경계층을 형성하고 있지요. 햇빛이 지표의 열기를 달아오르게 하고, 바람이 불어 지표면 위에 난류를 일으켜요. 그러면서 지구 표면은 열과 수분을 대기로 내보내는데, 땅의 기운이 하늘로 뻗어 간다고 볼 수 있지요. 하지만 한겨울 땅이 차가울 때는 대기의 온기가 거꾸로 땅으로 전해지기도 한답니다. 또 대기에서 자유롭게 움직이던 바람도 지표면 부근에서는 마찰력에 끌려 약해지면서 땅한테 에너지를 내줘요. 하늘의 기운이 바람을 타고 땅으로 내려온다고 볼 수 있겠지요. 땅과 하늘이 경계층을 가운데 두고 쌍방향으로 소통하고 있는 셈입니다.

폭풍우가 칠 때는 바람이 강해 대기가 심하게 요동치므로 난류가 잘 드러나지 않지만, 평탄하고 조용한 날에는 난류의 움직임을 쉽게 느껴 볼 수 있어요. 지표는 낮과 밤에 따라 온도가 오르락내리락하여, 난류도 덩달아 크기와 세기가 달라집니다. 고기압이 내려앉은 평온한 겨울날, 밤새 지면이 차가워진 탓에 안정하게 쉬고 있던 대기는 동이 트면 잠에서 깨어나지요. 햇빛을 받아 지면이 달아오르면 공기가 팽창하며 난류가 일어나는데, 더워진 열 기둥은 밀도가 낮은 위쪽으로 더 활발하게 치고 올라갑니다. 그러면서 바닥의 열을 위쪽으로 나누어 주며 열을 뒤섞는 거지요.

지면의 열기가 뜨거워질수록 열 기둥도 덩치를 키우며 키가 자라요. 솔개가 하늘 높은 곳에 정지하듯 떠서 먹잇감을 찾아 나서는 걸 본 적이 있나요? 솔개는 솟구치는 열 기둥에 날개를 떠받치고 있는 겁니다. 행글라이더도 비슷한 원리로, 하나의 열 기둥에서 다른 열 기둥으로 바꾸어 타면서 하늘을 오르락내리락하는 거지요.

한낮이 되면 지면의 열기는 정점에 이르고 열 기둥도 가장 높은 곳에 이릅니다. 거기까지가 햇빛의 장단에 맞춰 대기의 춤사위가 하늘 높이 뻗어 가는 경계이지요. 바닥에서 이 경계 사이의 대기층을 경계층이라고 합니다. 난류 운동이 활발해지는 낮 동안에는 경계층이 1~2km 이상으로 두터워지기도 해요. 저녁이 가까위지면 지면의 열기가 식으면서 열 기둥은 시들해지는데, 밤새 기온이 떨어지면 대기도 안정해지며 다시 잠에 빠져들지요. 밤이 깊어 가며 경계층은 지면에 바짝 달라붙어, 마치 찬 기운에 잔뜩 움츠리듯 쪼그라듭니다.

》강한 바람이《 난류를 키운다

안정될 것만 같은 밤에도 바람이 강하게 불면, 마찰력이 바람을 끌어당겨 풍속이 급격하게 줄어들고 난류가 일게 돼요. 시냇물이 흐르다 커다란 바위에 부딪히면 유속이 줄며 소용돌이 난류가 생기는 것과 같은 이치지요. 낮이라도 구름이 끼어 흐린 날에는 지면이 쉬 달궈지지 않아 열 기둥이 생겨나기 어렵지만, 바람이 불면 난류가 일어 경계층이 두꺼워지기도 합니다.

지구 표면의 재질에 따라 햇빛을 소화하는 게 달라지고, 지역마다 표피도 각양각색이라 경계층의 모습도 달라져요. 사막이나 건조 지대는 낮에 빠르게 햇빛에 달궈지고, 난류도 왕성하게 일어나서 경계층도 두꺼워요. 하지만 밤이 되면 건조한 탓에 다른 곳보다 빠르게 기온이 떨어져서, 난류도 급격히 약해지며 경계층이 아주 엷어져요. 반대로 바다는 햇빛을 받아도 기온이 쉽게 오르지 않고, 흐리다고 크게 떨어지지도 않아요. 밤낮으로 난류의 활동에 큰 변화가 없으니, 경계층 두께도 거의 일정하지요.

대기의 겉과 속

18

구름은 왜 하늘 끝까지 틋 솟구치지 못할까?

우주를 향해 열려 있는 대기의 끝은 어디일까요? 구름이 하늘 높이 치솟다가 멈추는 곳에 있다는 고층대기는 어떤 곳인가요?

키가 큰 소나기구름도 비행기에서 보면 한참 아래 놓여 있지요. 군데군데 튀어나온 봉우리 주변으로 평평한 구름대가 이불처럼 펼쳐져 있고, 부력의 힘을 받아 위로 솟구치던 구름은 일정 고도에 올라서면 더 이상 못 가고 바람을 따라 옆으로 퍼져요. 그 모양이 마치 대장간에서 쇠를 두드릴 때 받침으로 쓰는 모루처럼 튀어나왔다 해서 모루구름이라고 불러요.

》솟구치던 소나기구름도《 성층권에 올라가면 멈춰

소나기구름이 마음껏 활개 치며, 공기의 대류가 활발하게 일어나는 지면 위 약 10km까지의 대기를 대류권이라고 부릅니다. 햇빛의 힘으로 공기를 끌어 올릴 수 있는 대류권의 가장 높은 고도에 모루구름이 떠 있어요. 이 대류권의 위에는 햇빛도 어찌해 볼 수 없는 보이지 않는 공기의 막이 있는데, 대기가 안정해서 구름이 파고들기 힘듭니다. 지구를 에워싼 대류권 바깥쪽에는 대기가 양파 껍질처럼 층이 지어져 있어서 성층권이라 불러요. 지면과 성층권 사이에 있는 대류권에서는 따뜻한 공기가 찬 공기 위를 지나거나 열 기둥이 솟는 곳에서는 어김없이 대기가 출렁이는데, 그 파동이 성층권 너머까지 올라가 부서지면서 바람을 교란하기도 합니다.

우주에서 본 지구 대기는 사과 껍질보다 얇은 막에 불과해요. 적도에서 지구 둘레를 재면 4만km가 넘는 데 반해, 대류권의 키는 고작 10km 정도랍니다. 비율로 따지면 0.025%에 불과하죠. 게다가 우리가 피부로 느끼는 공기는 대류권 안에서도 지상에 가까운 1km 깊이의 얇은 층에 몰려 있는데, 그 안에 들어 있는 공기가 전체 질량의 80% 이상을 차지해요.

이에 비해 성층권에는 공기가 아주 희박해서 공기 밀도가 대류권의 0.1%에 불과해요. 그런데도 성층권은 지구 공기가 밖으로 빠져나가지 못하도록 안정한 보호막이 되어 줘요. 강한 소나기구름도, 원자폭탄의 버섯구름도 이 보호막을 쉽게 뚫고 올라가지 못하지요. 하지만 성층권은 안정한 탓에 이곳에 한 번 들어가면 빠져나가는 데도 길게는 50년 넘게 오랜 시간이 걸려요. 대형 화산이 폭발하면 거기서 나오는 가벼운 화산재 입자는 성층권까지 진입해서 지구 전체로 넓게 퍼지지요. 이것들이 몇 년간 성층권에 머물면서 지구 전체의 햇빛을 가리고 이상기후를 불러오기도 해요.

》성층권 오존은《
자외선 차단제

성층권이 안정한 것은 오존 기체 때문이에요. 오존이 햇빛을 흡수하면 기온이 오르므로, 대류권에서 성층권으로 넘어가면 기온이 뒤바뀌게 됩니다. 그래서 구름이 올라와도 성층권에 오면 따뜻한 공기에 막혀 더 이상 부력을 받지 못하지요.

오존은 산소 원자가 3개 모인 것인데, 이것들이 자외선을 흡수하면 산소 원자로 쪼개지고, 산소 원자는 다른 산소 분자와 결합하여 다시 오존 분자가 돼요. 그러다 보니 자외선이 성층권을 지나며 많이 줄어들게 되어 지상에서는 그 세기가 약해지지요. 일종의 자외선 차단제 역할을 하는 셈이죠. 대기 중 오존은 기체 분자 십만 개 중 한 개 정도에 불과하고, 지상에 깔면 3mm에 불과한 미량이지만, 지구 생명을 보호하는 큰 역할을 합니다.

겨울철 성층권에는 극지를 둘러싼 편서풍 강풍대가 유난히 강해지는데요. 바람 소용돌이가 저위도의 따뜻한 공기를 차단하고, 매우 찬 냉기가 그 안에 갇히면서 안정적으로 구름을 만들어 냅니다. 그런데 헤어스프레이나 소화기 등의 사용이 늘어나고, 냉장고나 에어컨에서 프레온이나 할론가스가 많이 배출되면서, 이

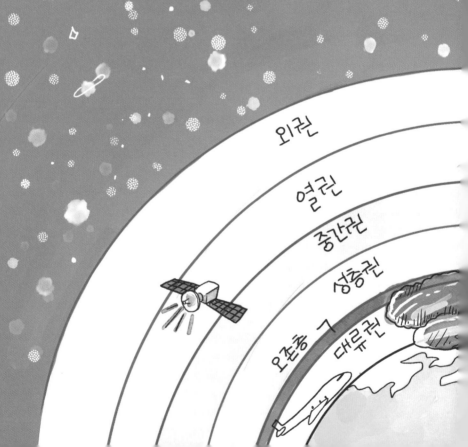

것들이 성층권으로 올라가 오존을 파괴하는 촉진제가 되고 있어
요. 특히 남극 하늘에는 유난히 오존층이 얇어져서 "오존층에 구
멍이 났다"는 표현을 써서 오존홀이라 부르기도 합니다. 한편 북
극은 주변 대륙과 산악 때문에 기류 변화가 심해서 극성층권에 갇
힌 냉기의 강도가 남극보다 약해 구름양도 남극보다 적은 편이에
요. 그렇다 보니 오존홀도 남극보다 뜸하게 나타나지요.

다행히, 전 세계가 1990년대 이후 이러한 용매를 제한적으로
사용하도록 협력하여 성층권의 오존홀도 점차 메워지고 있답니
다. 세계 각국이 잘 협력하면 환경문제를 해결할 수 있다는 희망
을 준 모범 사례지요.

모루구름

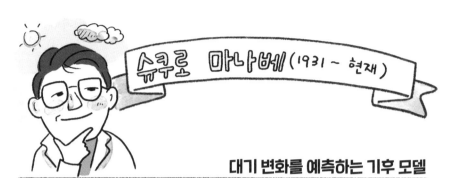
슈쿠로 마나베 (1931 ~ 현재)

대기 변화를 예측하는 기후 모델

1931년 일본 에히메현에서 태어났다.
도쿄대학교에서 물리학 박사 학위를 받았다.
1959년 미국으로 건너가 미국기상청
유체역학연구소에서 기후변화를 연구했다.

교수 겸임하고
연구하느라
몹시 바빠요.

1960년경부터 지구 기후에 관한
물리적 모델 개발을 주도하여,
오늘날의 기후 모델을
개발하는 데 선구가 되었다.

온실가스 증가에 따른 대기 변화를
예측하는 3차원 기후 모델을
최초로 만들었죠.

대기와 바다와 극지 얼음이 상승
작용하여 지구온난화가 심해진다는
걸 슈퍼컴퓨터로 계산해 냈다.

더워진 바다와 육지가
지구촌 곳곳에 홍수와
가뭄을 불러오지요.

태양열
온실가스
수증기 유입
덥고 습한
공기가
보온 역할
증발

지구온난화의 원인을 과학적으로 제시한 그의 연구들은
지구온난회 방지를 위한 국제적인 공조를 끌어내는 데 크게 기여했다.
2021년 노벨물리학상을 공동 수상했다.

그밖에도 2015년 미국의 노벨상이라 불리는 벤저민 프랭클린 메달,
2018년 스웨덴 왕립 과학 아카데미가 선발한 크라포르드상
등을 수상했다.

그의 연구 성과는
온난화 부문에 그치지 않고,
기후변동과 엘니뇨 예측에도
쓰이고 있다.

4장

구름과
비

19

수증기의 물길 따라 문명이 번성했다고?

뜨겁고 물이 귀한 아열대 사막에서 어떻게 고대이집트 왕국의 문명이 싹텄을까요? 지구의 날씨가 변덕을 부리면 물순환에 어떤 장애가 생길까요?

지구 표면은 70% 이상이 바다이고, 우리 몸도 60~70%가 물로 이루어져 있다니 참 신기하지요? 땅 위에는 강이 흐르고 땅속으로는 지하수가 흘러요. 극지는 얼음이나 눈으로 덮여 있고, 하늘에는 물이 수증기의 형태로 떠다녀요. 또 매일 다른 날씨를 맞는 것도 물이 있어서죠. 구름, 비와 눈, 무지개와 달무리, 태풍, 파도, 안개 등 모든 게 기체, 액체, 고체로 자유롭게 변신하는 물의 마술입니다.

겨울철에 호수의 물고기들이 얼어붙은 수면 아래에서 멀쩡하게 살아가는 것은 영상 4도에서 일어나는 물의 신기한 특성 덕분이지요. 온도가 낮아질수록 물의 밀도는 커지지만, 영상 4도 아래로 떨어지면 오히려 밀도가 작아지는 구간을 지나요. 그래서 겨울철 강과 호수의 기온이 낮아지면 영상 4도의 무거운 물이 밀도가 작은 바닥으로 먼저 가라앉아, 수면이 얼더라도 물속은 영상의 수온을 유지하며 물고기가 놀 수 있어요.

》지구는《
물의 행성

물은 지구의 기온을 유지하고, 낮과 밤의 일교차가 크게 벌어지지 않게 해 주며, 계절에 따라 대륙이 너무 뜨거워지거나 차가워지는 것도 막아 줘요. 햇빛과 함께 물은 지구상에 생명체가 살아가는 데 없어서는 안 될 요소이지요. 머리 위에 떠다니는 수증기 전부가 빗물이 된다면, 온 지구의 표면을 24mm 정도 덮을 만큼의 양이 됩니다. 하늘에 떠 있는 수증기량을 물의 깊이로 나타낸 가강수량인데요. 하루 평균 3mm꼴로 지구에 강수가 내리므로, 일주일이 지나면 대기 중의 수증기는 대부분 사라지겠지요. 하지만 다시 비나 눈이 간간이 내리는 걸 보면, 바다에서 증발한 수증기가 대기 중에 채워져서 물이 순환한다는 것을 알 수 있죠.

땅에서 강이 물을 실어 나른다면, 하늘에서는 바람이 물길이 되어 수증기를 실어 나르지요. 수증기가 구름이 되어 비나 눈을 내리면, 식물은 햇빛에 물을 더해 광합성을 하고, 산소를 대기에 뿜어내요. 바다의 플랑크톤은 광합성을 하는 동안 대기 중 산소의 80%를 만들어 냅니다.

고대이집트 왕국은 햇빛이 풍부한 아열대 사막 위에 터를 잡았지요. 물이 아주 귀한 이 건조한 곳에서 어떻게 문명이 싹텄을까요? 여름이면 에티오피아고원에 큰비가 내리고, 그 물이 나일강을 따라 하류의 삼각주에 물을 대 준 덕분이었지요. 그런데 강 상류 고원지대에 비를 가져다준 건 태양의 동선을 따라 올라온 수증기의 물길이었어요. 비가 많이 와서 수량이 풍부해지면 이집트 사람들은 축제를 열었어요. 강이 범람하면 물과 함께 각종 영양분이 떠내려와 토양이 기름져지고 풍년이 오기 때문이지요. 하지만 날씨가 변덕을 부려 수증기의 물길이 한동안 다른 곳으로 가 버리자 가뭄이 찾아왔고, 기근과 질병에 여러 사회적 요인이 맞물려 왕국도 쇠퇴하게 되었어요.

구름과 비

》기후변화로 수증기의 물길이《
복잡하게 요동친다

그런데 수증기의 물길이 한곳에 너무 오래 머물러도 탈이 나요. 같은 지역에 계속 비가 내려 홍수가 나서 농지와 도시가 물에 잠기지요. 도심에서는 콘크리트로 바닥이 덮여 있어서 물이 지하로 스며들기 어려워요. 조금만 비가 와도 빗물이 콘크리트 위를 흐르다 낮은 지대로 빠르게 모여들어서 도로나 건물을 침수시켜요. 또 도심을 흐르는 소하천에는 빗물에 쓸려 온 쓰레기가 쌓이면서 물의 흐름이 느려져 범람하게 돼요. 약해진 지반에 싱크홀이 생겨 차 사고도 일어나고, 해안 도시에서는 만조 시기와 겹치면 불어난 강물이 역류하기도 하고, 높은 파도나 해일이 도로를 덮쳐 저지대 침수를 부채질합니다.

수증기의 물길은 대기의 리듬에 따라 다양한 주기로 변해요. 한반도에는 한 달에 몇 차례씩 온대저기압이 지나가고 일시적으로 남쪽의 고온 다습한 수증기의 물길을 끌어올려 비나 눈이 내려요. 여름엔 북태평양고기압의 가장자리를 따라 수증기의 물길이 한반도를 지나며 장맛비와 폭우를 쏟아 내고, 겨울이면 시베리아 고기압이 내려오며 수증기의 물길은 메마르게 되지요.

대기 중의 수증기는 대부분 바다에서 나오고, 특히 적도 부근 바다는 열에너지가 커서 지구 곳곳의 날씨에 큰 파장을 미쳐요. 몇 년에 한 번씩 엘니뇨가 발생해서 열대 동태평양의 해수 온도가 올라가면, 기압계가 요동치고 수증기의 물길도 달라져요. 비가 자주 오던 곳이 가물고, 춥던 곳은 너무 따뜻하게 되기도 해요. 여기에 더해 지구온난화가 기후변화를 부추기며, 수증기의 물길도 더욱 복잡하게 요동칠 수 있답니다.

20

암호로
기상 현상을
소통한다고
?

일기도를 읽으려면 상형문자처럼 쓰인 부호를 해독해야 하지요.

기상 현상을 분류하여 부호로 나타내는데, 가장 변화가 심한 구름은 어떻게

분류했을까요?

제2차 세계대전 중 독일군은 에니그마라는 암호 변환 장치를 군사 통신에 사용했어요. 에니그마는 수수께끼라는 뜻인데, 어떤 글자를 에니그마에 넣으면 세 번에 걸쳐 다른 글자로 바뀌므로 변경 규칙을 모르면 처음 글자를 찾아내기 어려웠죠. 독일군은 매일 한 번 규칙을 변경하며 에니그마로 암호화된 메시지를 교신했다고 해요. 영화 〈이미테이션 게임〉에서는 천재 과학자 튜링이 에니그마 암호를 해독해 내는 과정과 함께 그의 일대기를 그려 냈어요.

》암호로 전해지는《 기상관측 자료

매일 세계 곳곳의 기상관서에서는 같은 시각에 관측 풍선을 띄워요. 사람 키보다 큰 관측 풍선이 상공으로 올라가거나 내려오면서 대기 중의 기온, 습도, 기압을 관측하고, 위치 추적 장비(GPS)로 풍선의 위치를 추적하여 풍향과 풍속을 잽니다. 이 자료는 코드로 바뀌어 통신망을 타고 세계 각국에서 기상관측 자료로 교환돼요. 코드 변환 규칙이 공개되어 있어서 누구나 코드를 풀이할 수 있지요.

그런데 왜 기상관측자료를 코드로 바꿔 통신할까요? 예를 들어 'MZNFPED'라는 에니그마 암호 문구를 해독하면 '북위 68도, 서경 20도, 기압은 972hPa, 기온은 영하 5도, 바람은 북서풍에 보퍼트 5등급, 상층운 3할, 시정은 6해리'라는 뜻이에요. 단지 7개의 알파벳으로 50개 가까운 글자를 축약하였지요. 이렇게 코드의 형태로 바꾸면 정보를 빠르게 전할 수 있고, 기상 자료를 보관하는

구름과 비

용량도 크게 줄일 수 있답니다.

》변화무쌍한 구름은《
어떻게 구분해서 알릴까?

비, 눈, 구름, 햇무리 같은 기상 현상은 복잡다단해서 관측한 걸 알리려면, 그림으로 남기거나 장황한 설명을 붙여야 했지요. 게다가 사람마다 본 것이 다를 뿐만 아니라 이를 나타내는 방식도 달라서 관측한 걸 소통하기가 쉽지 않았어요. 특히 구름은 수시로 모습이 변하면서 무한 돌연변이를 하다 보니, 분류하기가 여간 까다로운 게 아니었는데요. 오랫동안 구름을 예민하게 관찰했던 영국의 루크 하워드는 구름이 변하는 중심에 권운, 적운, 층운의 세 가지 구조가 있다고 보았답니다.

찬 공기가 바닥에 깔리거나 따뜻한 공기가 위에 자리 잡으면, 대기의 무게중심이 내려와 안정한 상태가 돼요. 이때는 상하 운동이 억눌려서 옆으로 퍼진 구름이 주로 낍니다. 평평하게 층을 이루어서 층운이라고 이름을 지었죠. 안개도 바닥에 깔린 층운의 일종이에요.

반면 아래쪽이 따뜻해지거나 위쪽에 찬 공기가 들어오면, 대기의 무게중심이 높아지며 불안정해져요. 이때는 상하 대류 운동이 활발해지며, 위로 솟아나는 키가 큰 구름이 끼지요. 구름이 기둥처럼 쌓인다고 해서 적운이라고 이름 지었어요.

권운은 높은 하늘에 얼음 입자의 형태로 떠 있는 게 특징이에

권층운 (털층 구름)

권운 (털구름)

고층운 (높층구름)

난층운
(비층구름)

요. 가을철 자주 보이는 새털구름도 권운의 일종이랍니다. 구름의

질감이 새털처럼 부드러우면서도 섬세한 실무늬가 퍼져 있어, 그

권적운 (털쌘구름)

고적운
(높쌘구름)

적란운
(쌘비구름)

층적운
(층쌘구름)

적운
(쌘구름)

층운 (층구름)

모양을 따서 이름을 붙였지요.

이 세 가지 구름 구조는 7개의 기본형으로 확장했다가, 오늘

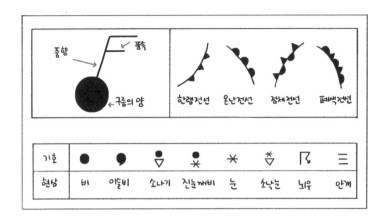

기호	●	●	⏛	⏛	✳	⏛	「	≡
현상	비	이슬비	소나기	진눈깨비	눈	소낙눈	뇌우	안개

날에는 10개의 구름 기본형을 쓰고 있어요. 세계기상기구(WMO)는 기상관측 코드집에서 다양한 기상 현상마다 유형별로 분류하여 각각 식별 부호를 붙여 놓았어요. 예를 들어 기상 사전에서 이슬비는 "매우 많은 수의 작은 물방울이 거의 일정하게 내리는 강수로서, 강수 강도가 시간당 1mm 이하"라고 장황하게 정의하고 있지만, 기상 커뮤니티에서는 "," 기호로만 써도 뜻이 통하지요. 일기도에 쓰이는 기상 현상의 식별 부호는 몇백 개가 넘는답니다. 기상 상황을 파악하려면 상형문자처럼 쓰인 식별 부호가 어떤 기상 현상을 뜻하는지 미리 잘 알아 둬야 해요. 특히 구름은 기온, 습도, 바람, 대기안정도에 예민하게 반응해서, 어느 지역에 어떤 구름이 끼어 있는지를 알면 그곳의 기상 상황을 쉽게 파악할 수 있지요. 그래서 일기도에서는 구름 상황을 먼저 들여다본답니다.

21

구름은 어떻게 덩치를 키우는 걸까?

따뜻한 구름과 차가운 구름의 질감은 다릅니다. 눈구름이 파스텔로 칠한 것처럼 경계가 무뎌져 있는 이유는 뭘까요? 물방울과 얼음 입자가 섞인 구름은 어떻게 덩치를 키우는 걸까요?

여름철에는 지면 온도가 높고 대기 중에 수증기가 많아서, 대류가 활발하게 일어나며 뭉게구름이 많이 낍니다. 구름 속에는 대부분 작은 물방울이 떠 있고, 구름 표면은 햇빛에 구름방울이 반사되어 밝게 빛나지요. 파란 하늘을 배경으로 여기저기 피어오른 뭉게구름은 측면의 윤곽이 뚜렷해요. 볼록하고 둥그스름한 구름을 보고 있으면 동화 속 평화로운 양떼 목장이 떠오릅니다. 대기가 불안정하면 뭉게구름이 크게 자라 소나기구름으로 변해요. 구름 꼭대기는 대류권계면* 까지 올라가는데, 워낙 고도가 높아 기온이 영하로 떨어져요. 그 안에는 구름방울과 얼음 입자가 섞여 있는데, 키가 작은 뭉게구름과 다르게 소나기구름의 윗부분은 측면 경계가 선명하지 않고, 가는 빗자루같이 푸석푸석하게 느껴져요.

한편 겨울철에는 지면 온도가 어는점에 가깝고, 한낮에 햇빛이 대기를 달구어도 기온은 좀처럼 오르지 않고 대기는 안정해 있죠. 그래서 구름이 끼어도 측면으로 얇게 퍼지는 구름이 많아요. 상공으로 올라가면 기온이 영하라서 구름 속은 대부분 얼음 입자로 채워져 있는데, 구름의 윤곽도 파스텔로 문질러 놓은 것처럼 뿌옇게 보일 때가 많아요. 구름이 많이 낀 날에는 구름 사이로 옅은 안개가 베일을 두른 것처럼 보이기도 하지요. .

★ 지구 대기권에서 대류권과 성층권의 경계 영역을 나타낸다. 극지방에서는 고도 7km, 열대지방에서는 16km에 이른다.

》따뜻한 구름과 차가운 구름은《
증발 속도가 달라

갓 태어난 뭉게구름의 측면 외곽에서는 작은 물방울이 빠르게 증발하면서 구름의 경계가 뚜렷해요. 반면, 소나기구름의 윗부분을 차지하는 얼음 입자는 크기가 굵고 모양도 다양하며, 구름 외곽에서 얼음 입자가 증발해도 바로 사라지는 게 아니라서 구름의 경계가 모호해요. 겨울철에는 기온이 낮아 얼음 입자가 구름 안 대부분을 차지해서, 뭉게구름처럼 깔끔한 겉모습을 기대하기는 어렵죠. 한편 구름 밑동에는 종종 빗자루로 쓸어내리는 듯 길게 늘어진 꼬리구름이 목격돼요. 얼음 입자나 빗방울이 낙하하다가 증발하며 남긴 자국이죠. 하강하는 입자가 바람에 밀려서 빗자루로 사선을 그은 듯 보입니다.

고도와 계절에 따라 구름의 질감이 달라지는 건 구름 속 입자의 특성 때문이에요. 구름 안에 섞여 있는 물방울과 얼음 입자는 각각 증발하는 속도가 다릅니다. 따뜻한 뭉게구름의 속은 대부분 물방울로 채워져 있는데요. 구름 내부에서는 수증기가 응결하여 구름방울이 만들어지지만, 측면 외곽에서는 건조한 공기와 섞이면서 구름방울이 증발해서 다시 수증기로 되돌아갑니다. 이런 구름이 금방 사라지는 건, 주변 공기와 섞이며 구름방울이 곧바로 증발해 버린 탓이지요.

그런데 얼음 입자와 물방울이 섞여 있는 차가운 구름은 사정이 다르답니다. 구름 속에는 얼지 않은 물방울도 있는데, 영하의 기온에도 물의 형태를 보여서 과냉각수라고 불러요. 같은 환경에서 물방울은 얼음 입자보다 빨리 증발해요. 얼음이 수증기가 되려면 우선 물이 되는데 더 많은 열(1g당 80cal)이 필요하니까요. 물방울에서 증발한 수증기는 얼음 입자에 달라붙는데, 이렇게 주변의 과냉각 물방울에서 수분을 보충 받은 얼음 입자는 바깥 공기와 섞여 증발이 일어나도 빨리 사라지지 않게 됩니다.

》얼음 입자는《
물방울을 먹고 자란다

차가운 구름 안에서는 작은 물방울이나 수증기가 얼음 입자에 달라붙으며 얼음 입자가 빠르게 덩치를 키운 다음, 물방울이나 다른 얼음 입자와 충돌하고 결합하며 눈덩이를 굴리듯이 몸집을 불립니다. 이렇게 만들어진 눈송이라도 온도가 높은 여름이라면 하강하는 도중에 이내 물방울로 변해요. 구름방울이 작을 때는 떠받치던 상승기류가 강해서 입자도 떠 있는 채로 성장하다가, 머리카락보다 더 굵어지면 중력을 이기지 못해 굵은 빗방울로 쏟아져 내리지요. 얼음과 물의 작은 수증기압 차이로 구름방울이 빠르게 성장하여 빗방울이 되고, 우리에게 필요한 물을 하늘에서 받을 수 있다는 건 얼마나 경이로운 일인지요.

22

안개 속에서는 왜 세상이 뿌옇게 보일까?

안개가 끼면 시야가 흐려지고 세상이 온통 뿌옇게 보이는 이유는
뭘까요? 특히 도심에 안개가 자주 끼는 건 왜 그럴까요?

제2차 세계대전이 시작된 지 얼마 안 되었을 때의 일이에요. 독일은 유럽 대부분을 점령하고, 이제 남아 있는 섬나라 영국을 집어삼키려고 대공습을 감행했어요. 밤마다 독일 폭격기가 런던 시내를 폭격하면, 영국 시민들은 도로마다 갓길에 기름통을 세워 놓고 어둑해지면 연기를 피웠어요. 밤하늘에 연기가 자욱해져 독일 폭격기가 표적을 알아보기 어렵게 만들었죠. 안개가 끼어도 마치 연기가 차 있는 것처럼 시야가 흐려져요. 비행기를 타고 구름 속을 지나갈 때와 비슷한 느낌이지요. 안개도 구름의 일종이지만, 땅 위에 바짝 깔려 있다는 게 구름과 다른 점이죠.

》안개 속 물방울이 모든 빛을 산란해《 안개가 흰색으로 보여

안개 속에 들어가면 세상이 뿌옇게 보이는데, 이는 안개 속에 떠 있는 작은 물방울들이 모든 빛을 산란하기 때문이에요. 산란한 빛이 모두 합쳐지니 우리 눈에 흰색으로 보인답니다.

또, 빛이 안개 방울에 산란하면 여러 방향으로 흩어지는데, 이 빛이 다른 안개 방울을 지나갈 때마다 다시 산란이 일어나 빛의 강도가 약해져요. 주변에 먼지가 많거나, 이 먼지가 씨앗이 되어 안개 방울에 끼어 들어가면 더 많은 빛이 산란되겠지요. 안개가 두텁게 끼면 빛은 그만큼 많은 안개 방울을 지나야 하므로, 물체에서 직접 나의 시선 방향으로 오는 빛의 양은 적어져 어두워집니다.

안개 낀 길을 운전하는 건 특히 위험해요. 전조등에서 나아간 빛이 안개 방울에 산란하여 앞이 잘 보이지 않는 데다, 마주 보는 차에서 오는 불빛으로 눈이 부시지요. 그래서 안개등은 전방을 향하는 대신 길바닥을 비추게 되어 있어요.

》땅바닥이 차가우면《
안개가 쉽게 낀다

밤에는 땅이 적외선을 내뿜으며 밤새 식어 가고, 기온이 이슬점 이하로 내려가면 수증기가 응결하며 안개가 끼기 시작합니다. 바닥이 먼저 차가워지면 그 위에 따뜻한 공기가 놓이게 되어 대기가 안정해져요. 일반적으로 대기는 고도가 올라갈수록 기온이 떨어지는 게 정상인데, 이런 경우는 오히려 위아래 기온이 뒤집힌 모양새예요. 위쪽의 따뜻한 공기가 보온병 뚜껑이라도 되는 양, 아래쪽 찬 공기를 감싸안아 차가운 기운이 달아나지 않도록 막아 주지요. 또 찬 공기층에 갇힌 수증기도 바깥으로 새어 나가지 못하게 가두고요. 이 때문에 밤새 기온은 뚝뚝 떨어지고, 남아 있는 수증기는 고스란히 응결하여 안개가 된답니다. 새벽이 가까워지면 기온은 최저가 되고, 안개층도 최대로 두터워지지요.

이런 종류의 안개는 밤 동안 차가워진 지면 바닥에 얇게 깔리므로 땅안개나 복사안개라고 불러요. 지면에서 적외선을 내뿜으며 바닥의 기온이 떨어져 안개가 생겨나기 때문이지요. 그밖에도, 수증기를 많이 머금은 바닥 공기가 식어 가거나, 찬 공기와 섞이는 곳이라면 언제든지 안개가 낄 수 있답니다.

》도심의 작은 먼지들이《
수증기를 붙잡아 안개가 짙어진다

안개 방울도 중력의 힘을 받아 낙하하지만, 크기가 매우 작고 가벼워 초당 1cm 정도로 느리게 하강해요. 안개층 두께가 30m라면, 한 시간 정도 가만 내버려두면 저절로 모두 땅으로 낙하해서 안개는 걷히겠지요. 하지만 더 오래 안개가 끼어 있기도 해요. 안개층 윗부분에서 적외선을 내뿜으며 차가워진 공기가 가라앉으며 대류가 일어나, 수증기가 계속 응결하며 한동안 안개가 유지될 수 있지요.

그런데 같은 양의 수증기가 응결하더라도, 안개 방울의 크기가 작아 방울 개수가 많아질수록 안개가 더 짙어져요. 빛이 안개층을 투과할 때 접촉면이 커져서 산란이 더 많이 일어나기 때문이죠. 도심에선 오염 물질이 많이 배출되는 만큼 작은 먼지들도 많이 떠다니는데, 먼지들이 구름 씨앗이 되어 각자 수증기를 붙잡아 응결시켜요. 그런데 먼지 씨앗이 많을수록 서로 수증기를 가져가려고 경쟁하느라 어느 것도 크게 자라지 못하지요. 그래서 도심에서는 유독 안개가 자주 끼기도 하고, 같은 기상 조건이라도 더 짙게 낄 수 있답니다.

구름과 비

23

무지갯빛 구름이 보인다고?

구름은 대부분 희거나 회색을 띠지만, 때로는 다채로운 색을 선보이기도 해요. 구름에서 볼 수 있는 빛 현상에는 어떤 것들이 있나요? 이것들은 무지개와 어떻게 다를까요?

운이 좋으면 비구름 사이로 무지개를 볼 수 있어요. 무지개는 빗방울과 햇살과 나의 시선이 고루 맞아떨어져야 만나요. 빗방울이 서서히 낙하하는 동안, 물방울 안으로 햇빛이 들어가 굴절하고 반사하여, 오묘한 천연색이 들어오는 것이 바로 무지개죠. 빗방울에 들어간 빛은 42도나 52도로 벌어져 산란해요. 해가 낮은 아침이나 저녁에는 무지개가 높이 떠 있어 반원을 제대로 그려내고, 나의 시선으로 무지갯빛이 들어오는 동안에는 대기층이 얇어 산란을 덜 받아 색이 선명하답니다.

보통 비구름은 서에서 동으로 이동하므로, 아침에는 서쪽 하늘에 막 들어오는 비구름에서 무지개를 보고, 저녁에는 동쪽 하늘로 물러가는 비구름의 끝자락에서 무지개를 봐요. 소나기가 지나갈 땐 차고 건조한 공기가 들어와 무지개가 더 선명하지만 금방 사라지죠. 미세먼지가 적은 날 무지개도 더 선명하고요.

》무지개는 기둥 아래쪽이《 더 밝다고?

그런데 자세히 보면 무지개의 아래쪽 두 기둥과 위쪽 몸통의 밝기가 달라요. 빗방울이 온전한 공 모양이 아니기 때문이지요. 빗방울은 낙하하는 도중에 공기의 저항을 받으면 동그란 모양이 일그러져요. 지면에 다다를 때쯤에는 찐빵처럼 납작해지죠. 그러면 수평 방향으로 빛이 더 많이 산란해서 우리 눈에는 무지개 두 기둥의 아래쪽이 더 밝아 보이게 돼요.

우리는 같은 장소에 있더라도 각자 다른 무지개를 보지요. 무지개에서 오는 빛의 각도가 조금씩 뒤틀린 만큼, 다른 물방울이 다른 방향으로 산란한 빛을 보니까요. 비가 오지 않는 날에도 구름 사이로 무지갯빛을 볼 수 있답니다. 구름방울도 빛을 산란하기 때문이지요. 빛이 구름방울 사이를 지나며 휘어져 나오는 회절을 하거나, 구름방울 속으로 들어가 굴절하거나 반사하면, 프리즘처럼 다양한 색을 선보이게 됩니다.

비교적 큰 얼음 입자는 크기가 10~30마이크로미터인데, 이 입자들이 질서정연하게 빛을 굴절시키면 파장에 따라 다른 방향으로 빛이 퍼져요. 높이 뜬 엷은 구름은 기온이 낮아 대개 얼음 입자로 채워져 있어요. 이것들이 햇빛이나 달빛을 굴절시키면 해나 달 주변에 원형 무지개 모양의 햇무리나 달무리를 볼 수 있지요.

그런가 하면 따뜻한 계절에는 얇은 구름 속 작은 물방울 사이로 빛이 회절하여, 해나 달 주변에서 동심원을 이루며 생겨나는 코로나를 볼 수 있답니다. 또 비행기에서 창문 밖의 구름을 보면

코로나   광륜

간혹 구름에 비친 비행기 그림자 주변에서 고리 모양의 광륜이 나타날 때가 있어요. 햇빛이 작은 구름방울 주변에서 회절하며 되돌아오는 빛이 퍼지면서 일어나는 현상이랍니다. 코로나나 광륜도 햇무리나 달무리처럼 원형 무지개 모양을 띠지만, 빛이 회절하여 빚어진 현상이라는 게 다르답니다.

》조개껍질에서도《 볼 수 있는 무지갯빛

전복이나 진주조개의 속껍질의 줄칼처럼 미세한 무늬에 빛이 통과하면 회절한 빛이 간섭하며 다양한 무지갯빛이 나와요. 전복 속껍질 표면의 우둘투둘한 무늬가 구름방울 역할을 하는 거지요.

성층권 대기는 매우 건조하여 얇은 구름이 끼어요. 얼음 입자의 크기는 1마이크로미터(0.001 밀리미터) 남짓으로 미세먼지보다 작고, 이것들이 빛을 회절시키면 구름이 영롱한 무지갯빛을 띠게 되죠. 진줏빛을 닮아서 진주구름이라고도 해요. 구름 속 얼음 입자의 크기가 엇비슷하고 구름층이 얇아, 제대로 회절한 빛이 막힘없이 시야에 들어와서 무지갯빛이 더욱 선명하답니다.

극지방의 밤하늘에는 무지갯빛이 섞인 진주구름이 장관이지요. 해는 지평선 아래로 내려갔지만, 구름이 높게 떠 있어 저녁놀이 반사되어 구름을 붉게 물들이죠. 화가 뭉크의 〈절규〉라는 그림에서는 물결무늬의 강렬한 핏빛 하늘이 보이는데, 북반구 하늘에 종종 나타나는 진주구름이 반영된 것이라고 합니다.

구름과 비

24

성질이 다른 공기가 충돌하면 왜 날씨가 흐려질까?

일기도는 군대에서 군사작전을 짜는 상황판과 비슷하지요. 날씨는 전투와 어떤 점이 닮았을까요? 성질이 다른 공기가 충돌하면 왜 구름대가 발달하나요?

한 장의 일기도에는 한반도와 주변 국가의 기상 상황이 나타나 있어요. 온도, 바람, 습도, 구름, 강수에 이르기까지 다양한 정보가 지도 위에 숫자나 기호로 표기되어 있어서 날씨의 전체적인 상황이 한눈에 들어오게 되지요.

전쟁 영화에서 장교들이 지형도 주변에 모여 군사 작전을 짜는 것을 본 적이 있나요? 참모들은 시시각각 입수되는 전쟁 상황에 따라 적군의 위치와 규모, 부대의 이동 경로 같은 것들을 살핍니다. 전쟁 상황판을 보며 전세를 파악하는 모습이 마치 일기도를 보며 다가올 날씨를 파악하는 것과 비슷해 보이지요? 19세기 중반 유럽에서는 과학기술이 발전하며 여러 지역의 기상관측 자료가 모였어요. 그러자 전쟁 모형과 유사하게 지도 위에 일기도를 그리게 되었죠. 일기를 예보하려면 날씨 세력이 어디에서 생겨 어떻게 전개될지 살피고 파악해야만 하니까요.

》바다 위 따뜻한 기단 홍군 《 Vs 대륙의 차고 건조한 기단 청군

지도의 등고선으로 산의 높낮이를 알듯이, 일기도에 그려진 등압선으로 기압의 높낮이를 파악해요. 기압이 주변보다 높은 곳은 고기압, 낮은 곳은 저기압인데, 지도로 본다면 고기압은 산지나 능선이고 저기압은 분지나 계곡에 해당하지요.

어느 지역에 고기압이 한동안 머무르면, 고기압은 그 지역의 풍토를 고스란히 빼닮게 돼요. 대기층을 뚫고 지구 표피에 와서 축적된 햇빛 에너지는 이 고기압 지역에서 다시 열과 수증기의 모습으로 대기로 옮겨 가요. 그러면서 지역마다 기온과 습도가 상당히 다른 고기압권이 만들어지지요. 세력을 불린 고기압권은 마치 병사를 끌어모은 군단처럼 공기가 많이 쌓여 밀도가 높아지는데, 이것을 거대한 공기의 군단, 즉 기단이라고 부릅니다. 기압이 높고 권역이 넓을수록 기단의 세력도 강해진답니다.

둥그런 지구 위에서 햇빛을 정면으로 맞는 적도 지역은 뜨겁고, 비스듬히 맞는 극지는 춥지요. 바다는 열용량이 커서 기온 변화가 적은 대신 수증기가 풍부하고요. 일반적으로 바다 위에서 수증기를 많이 머금은 따뜻한 기단이 홍군이라면, 대륙에 있는 차고 건조한 기단은 청군입니다. 우리나라는 여름철에는 북태평양에

자리 잡은 덥고 습한 기단이 올라와 무덥고, 겨울철에는 시베리아의 차고 건조한 기단이 내려와 매서운 추위가 와요. 그런가 하면 봄과 가을철에는 바람을 타고 중국 내륙의 따뜻하고 건조한 기단이나, 동쪽 먼바다에서 차고 습한 기단이 들어 올 때도 있습니다.

》두 기단의 차이가 클수록《 저기압이 발달해

지역마다 성질이 다른 기단이 몸집을 키우다가 세력이 커지면, 가까운 기단과 힘을 겨룹니다. 홍군과 청군 기단이 한반도 위에서 맞서면 어떤 일이 일어날까요? 이때는 오로지 성격이 서로 다른 세력인 양 기단의 상대적 차이가 날씨를 좌우하게 되지요.

전장에서는 아군과 적군 두 세력이 팽팽히 맞선 곳은 전선으로 표시해요. 일기도에도 전쟁 상황도처럼 힘으로 밀어붙이는 기단이 홍군이면 온난전선, 반대로 청군이면 한랭전선으로 각각 표기하지요. 성질이 다른 기단이 전선에서 충돌하면 서로 물고 물리는 전투가 일어납니다. 청군의 차가운 공기는 아래를 향하고, 홍군의 따뜻한 공기는 위로 올라가며 전선 위에 온대저기압이 발달해요. 두 기단의 차이가 클수록 섞이는 과정도 격렬하고, 저기압도 강하게 발달합니다.

저기압이 한반도에 접근하면 먼저 남풍이 불어요. 남쪽에서 따뜻한 아열대의 열기와 수증기가 들어오는데, 저기압이 발달하면서 차가운 기단과 따뜻한 기단은 점점 격하게 충돌하며 대치해

구름과 비

요. 따뜻한 공기가 찬 공기 위로 올라가는 곳마다 수증기가 상승하고 응결하여 구름이 생기고, 구름이 발달하면 구름방울이 성장하고 빗방울이나 눈송이가 되어 내리지요. 그러다가 저기압이 지나가고 뒤를 이어 이동성고기압이 들어오면 구름이 점차 걷히며 날씨가 회복됩니다.

중위도 지역은 살기 좋은 온대기후에 속하지만, 늘 햇빛이 일으킨 풍파의 중심권에 놓여 있어요. 우리나라는 특히 여름과 겨울을 오가며, 대륙성기단과 해양성기단이 교차하는 동안 전선대를 지나는 폭풍우가 거셉니다. 폭설이나 호우, 한파나 폭염, 황사는 모두 한반도 주변에서 성질이 다른 기단이 서로 힘을 겨루다가 온대저기압으로 발전하며 일어나는 전투의 부산물인 셈이지요.

25

물방울의 힘이 원자폭탄보다 강하다고?

날씨가 돌변해 많은 비나 눈이 쏟아지고, 강한 바람이 일어나 우리를 놀라게도 하지요. 수증기가 모여 구름과 비가 되면서 만들어 내는 에너지는 얼마나 될까요? 강한 바람을 일으키는 데는 얼마나 많은 에너지가 쓰일까요?

봄날 아침 안개 낀 호숫가에 가면 사방이 조용하고 수면은 미동도 없어 보여요. 모든 것이 정지해 있는 것 같지만 분자의 움직임을 볼 수 있다면, 전혀 다른 세상이 보일 거예요. 수면에서는 물 분자들이 초음속 전투기보다 빠른 속도로 격렬히 계속 움직여요. 작은 책상만 한 공기 덩어리 안에도 밤하늘의 별보다 많은 물 분자가 헤집고 다니며 쉴 새 없이 서로 충돌하고 있지요.

또 물 분자가 증발하며 대기 중으로 튕겨 나가거나, 수증기가 다시 응결하여 물속에 파묻히기도 해요. 수많은 물 분자들이 흩어지고 다시 모이기를 반복하며 대기와 물 사이를 왔다 갔다 하지요. 안개가 걷히며 따사로운 햇살이 호수에 내리쬐면, 물 분자의 운동은 더욱 빨라지고, 물 위로 튀어 오르는 횟수 또한 빠르게 증가할 거예요. 게다가 대기가 건조하면 대기 중에 여유 공간이 많아져 물 분자가 더욱 손쉽게 대기로 옮겨 간답니다. 증발한 수증기는 바람을 타고 다른 곳으로 날아가다가 응결하여 구름이 되죠.

수증기가 상승기류를 타고 높이 올라가면, 공기가 팽창하며 기온이 떨어져 응결합니다. 저기압에 동반한 전선대에서 따뜻한 공기가 찬 공기 위로 상승하기도 하지만, 산비탈이나 경사진 전선면에 바람이 부딪혀도 공기가 강제로 상승해요. 또 지면이 가열되어 생기는 부력으로 공기가 자연스레 상승하기도 하고요.

》수증기 속 잠열이 모이면《
엄청난 에너지가 만들어져

수면에 내리쬔 햇빛 에너지의 일부는 물이 증발할 때 수증기로 갈 아타요. 지구가 1초 동안 받는 태양에너지는 서울시에서 1년간 쓸 수 있는 전력 에너지와 맞먹는 어마어마한 양이랍니다. 대기 중에 서 구름방울로 변하는 수증기는 가지고 있던 햇빛 에너지를 대기 에 열의 형태로 건네줘요. 마치 수증기에 감추어진 열이 나오는 것 같아, 숨어 있던 열이라는 뜻인 잠열이라고 부릅니다.

작은 물방울이 생겨날 때 수증기가 내보내는 잠열은 그리 크 지 않지만, 잠열들이 한데 모이면 엄청난 에너지가 나와요. 구름 속에 떠 있는 물방울은 크기가 매우 작아 머리카락 굵기의 1/10 도 채 안 돼요. 하지만 구름 크기가 커지면 사정이 달라져요. 흐린 날 도심에서 흔히 볼 수 있는 구름은 반지름이 2km보다 크고, 두 께도 3km가 넘지요. 이 안에 들어 있는 물방울을 전부 합치면, 작 은 트럭 수만 대를 쌓아 놓은 무게와 맞먹습니다. 태풍은 거대한 먹구름 군단을 거느리고 다니면서, 비나 눈, 강풍을 쏟아내는데 태풍이 얼마나 많은 에너지를 만들어 내는지 원자폭탄과 비교해 볼까요?

원자폭탄이 터지면 중심부는 순식간에 10^7도까지 기온이 오 르고, 압력도 대기압의 10^6배에 이르지요. 엄청난 부력의 힘으로 상승하는 기류는 주변의 먼지와 수증기를 끌고 올라가고, 그러다 가 권계면 부근에서 안정한 성층권을 만나면, 소나기구름처럼 측면으로 퍼져 나가요. 그 모양이 두툼한 우산 모양의 버섯을 닮았다고 해서 버섯구름이라는 별명이 붙었죠. 버섯구름에서는 타고 남은 재와 방사능에 오염된 낙진이 비에 섞여 내리는데, 검댕이 섞인 이 비에 맞으면 세포는 치명적인 손상을 입어요.

이제 비구름대가 지나며 서울 남산 공원만 한 면적에 고루 10mm의 강수가 20분간 내렸다고 생각해 보아요. 이 구름대가 잠열을 방출하며 만들어 낸 에너지만 하더라도 일본에 떨어진 원자폭탄과 맞먹습니다. 다만 원자폭탄은 눈 깜짝할 새 터지므로, 순간 폭발하는 에너지는 비구름대보다 월등하게 많지요. 예로 든 10mm 강수가 20분에 걸쳐 내렸다면 상당한 폭우 수준인데, 그래 봐야 순간 발산하는 에너지를 계산해 보면 원자폭탄의 만분의 일도 안 된답니다. 비구름의 에너지가 원자폭탄처럼 순식간에 터지지 않고 긴 시간에 걸쳐 분산된다는 게 참 다행이지요?

》태풍을 일으키는 에너지는《 어디서 올까?

그런데 기상 조건이 맞아떨어져 이 구름들이 연합해서 거대한 폭풍으로 돌변하면, 엄청난 에너지를 몰고 다니다가 한 번에 큰 비나 눈, 우박을 쏟아 내요. 또 바다에서는 강풍과 높은 파도를 불러오며 곳곳에 커다란 상처를 남기죠. 태풍은 열대의 수온이 높은 해면에서 증발한 수증기가 응결할 때 나오는 열을 이용하여 바람을 일으켜요. 태풍의 눈 외벽에는 도넛 모양으로 된 깊은 소나기구름이 있는데 이곳에서 발생한 열로 강풍을 일으키지요.

강한 비를 동반한 태풍의 중심부 면적이 경기도만 하고, 여기서 총 150mm의 비가 내렸다면, 이 정도의 태풍이 만들어 내는 열에너지는 원자폭탄의 2만 배 정도가 돼요. 이 중 30% 정도가 실제 강풍을 일으키는 데 쓰였다면, 원자폭탄의 몇천 배에 해당하는 어마어마한 에너지이죠. 이 에너지는 수증기로부터 오고, 수증기는 따뜻한 바닷물로부터 오고, 이것을 가능하게 하는 것은 햇빛 에너지입니다. 그러니 폭풍우를 일으키는 에너지는 결국 햇빛 에너지로부터 오는 것이라고 볼 수 있죠.

5장

기상재해

26

소나기가 내리면 왜 돌풍이 불까?

여름철 소나기가 내리면 돌풍이 불며 갑자기 시원해져요. 하지만 비행기가 착륙할 때 돌풍을 만나면 바람이 급변하여 추락할 위험이 커질 수 있어요. 소나기구름이 지나가면 왜 돌풍이 불까요?

소나기는 잠깐 세차게 내렸다가 금방 끝나는 비를 가리킵니다. 그 래서 소나기는 피하고 보자는 말도 나왔지요. 힘든 상황이 일어나 도 조금만 기다리면 지나가기 마련이라는 얘기입니다. 작은 소나 기구름이라도 거센 바람을 동반해요. 구름이 워낙 빠르게 움직이 다 보니 풍향이 수시로 바뀌고, 구름의 수명도 짧아 바람이 금방 잦아들어 돌풍이라고 부르지요. 돌풍도 소나기처럼 국지적으로 갑자기 일어나므로 미리 대비하기가 어렵답니다.

폭풍은 발달한 온대저기압이나 태풍을 말하는데 자주 경험 하지는 않지요. 온대저기압은 많아야 한 달에 몇 번 지나갈 뿐이 고, 태풍은 여름과 가을에 몇 개 정도만 우리나라에 영향을 주니 까요. 반면 소나기구름은 여름철에 자주 나타나고, 봄이나 가을에 도 대기가 불안정하면 언제든 나타날 수 있어서, 크고 작은 돌풍 이 폭풍에 비해 훨씬 자주 나타납니다. 특히 열대지방에는 소나기 가 자주 내리기 때문에 돌풍 또한 자주 일어나겠지요.

》 소나기구름은 솟구치는 힘이 강해 《 바람도 세다

여름철에는 바람이 잔잔하고 날씨가 무난하다가도 대지가 달궈 지면 사정이 달라져요. 간밤에 비가 오고 땅이 젖어 있다든지, 바 다에서 수증기가 들어와 습도가 높다든지 하면, 열 기둥을 타고 수증기가 응결하여 여기저기 뭉게구름이 피어오르거든요. 뭉게 구름은 계속 덩치를 키우다가, 오후가 되면 키가 큰 소나기구름으로 자라나요. 게다가 상층에 찬 공기라도 들어차 있다면, 대기가 불안정해서 소나기구름은 대류권계면까지도 치고 올라가죠.

대류권계면의 위는 안정한 성층권이라 더는 올라가기 힘들어요. 다만 구름이 솟구치는 부력의 힘이 매우 강하면, 관성을 받아 멈추지 않고 성층권 위로 조금 볼록하게 파고들기도 하는데, 이건 소나기구름이 매우 강하게 발달했다는 신호이죠. 그 밑에서는 우박과 천둥 번개와 강한 돌풍, 심지어는 토네이도까지 관측되기도 합니다.

소나기구름 속에서 상승하는 바람은 상당히 강해서 시속 36km 이상의 속도로 불어요. 이 속도라면 10km 고도까지 구름이 올라가 큰 키로 성장하는 데 27분 정도밖에 안 걸리죠.

》구름에서 내려오는 찬 공기가《 돌풍을 일으킨다

큰 키로 성장한 소나기구름이 쥐고 있던 물방울이 커지면, 무게를 이기지 못한 구름이 잠깐 동안 세찬 비를 쏟아 냅니다. 빗방울은 낙하하는 동안 주변 공기를 끌어 내리면서 조금씩 증발하고, 이로 인해 차가워진 공기는 소나기와 함께 무겁게 내려앉아요.

지면에 닿은 찬 공기는 더 내려갈 곳이 없어 사방으로 퍼져 나가며, 풍속도 시속 20~80km로 빠르지요. 그래서 소나기가 오면 함께 내려온 찬바람이 퍼지면서 우리의 뺨을 시원하게 스쳐 지나가는 거예요. 주변 기온보다 5도 이상 낮아지는 경우도 적지 않답니다. 서늘한 공기와 함께 순간적으로 돌풍이 불며 땀을 식혀 주기 때문에 더욱 시원하지요.

바람이 잔잔할 때는 구름이 솟아나는 바로 그곳으로 소나기가 쏟아지므로, 소나기와 함께 내려가는 찬 공기가 구름이 솟구치지 못하게 해요. 찬 공기가 바닥까지 내려오면 대기는 안정해지고 소나기도 그칩니다. 이 모든 것이 30분에서 1시간 안에 이루어지지요.

때로는 발달한 소나기구름 밑에서 아주 강한 돌풍이 몇 km 도 안 되는 좁은 구역에 일어나는데, 매우 차고 무거운 공기가 마치 '작은 폭탄이 터지듯이 강하게 내려앉는다'는 표현을 써서 마이크로버스트(microburst)라고 부릅니다.

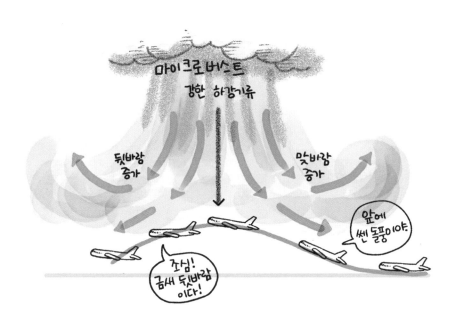

공항 주변에 마이크로버스트가 발생하면 매우 강한 돌풍이 몇 분 동안 사방으로 퍼져 나가면서 착륙하는 비행기의 안전을 위협해요. 착륙하려고 출력을 줄인 비행기가 짧은 시간 안에 정반대의 방향으로 급변하는 바람을 만나게 되면, 비행기의 양력이 급격하게 떨어져 추락하기도 한답니다.

27

번개가 구름 위로도 친다고?

강한 소나기구름이 지나가면 번개가 치는데요. 특히 밤에는 사방이 번쩍이며 구름에서 벼락이 내려오는 걸 눈으로 볼 수 있답니다. 그런데 구름 위쪽으로 올라가는 벼락도 있다는데, 대체 어떤 일이 벌어지는 걸까요?

번개는 구름 중에서도 키가 큰 소나기구름에서 볼 수 있는데요. 소나기구름은 대기가 불안정할 때 발달해요. 배의 바닥에 가벼운 짐을 쌓고, 위쪽 갑판에는 무거운 걸 올려놓으면, 무게중심이 높아져 배가 뒤집히기 쉽겠죠. 대기도 마찬가지입니다. 햇빛을 받아 지면이 데워져 아래쪽 공기가 따뜻하고 가벼운데, 상층에 차갑고 무거운 공기가 들어오면 대기가 불안정해져요.

여름에는 남풍이 불어 바다에서 올라온 수증기가 풍부하고, 지면이 심하게 가열되므로 소나기구름이 다른 계절보다 많이 나타나게 되죠. 봄가을에도 가끔씩 상층에 찬 공기가 들어차며 소나기구름이 발달하기도 하고요. 하지만 겨울철에는 지면이 차가워서 낮 동안 햇빛을 받아도 기온이 크게 오르지 못해 좀처럼 소나기구름이 생기기 어려워요. 다만 한겨울이라도 서해나 동해는 수온이 영상이라, 그 위로 영하의 찬 공기가 지나가면 작은 소나기구름이 생기기도 한답니다. 그래서 번개는 주로 대기가 불안정한 더운 계절에 생기지만, 드물게는 겨울철에 생기기도 해요.

》번개는 구름과 구름 사이,《 구름과 지면 사이에서 일어나는 방전

소나기구름의 아래쪽은 기온이 영상이라도 위쪽은 영하인 경우가 많아요. 그래서 위쪽에서는 얼음 입자가 수증기를 먹으면서 자라다가, 점차 내려오면서 과냉각 물방울이나 눈송이를 껴안으며 우박처럼 덩치를 키우지요. 여기엔 얼음 입자, 우박처럼 큰 입자,

물방울 등 다양한 상태의 입자들이 복잡하게 섞여 있어요. 구름 입자마다 크기나 점성이 다르니 낙하하는 속도도 다릅니다. 그러 다 보니 큰 입자는 중력을 받아 내려가고 가벼운 작은 입자들은 상 승기류를 타고 올라가는 동안, 서로 스치면서 전하를 띠게 되지요.

서로 다른 전하를 가진 입자들이 구름 위와 아래로 놓이며, 구름 안에는 일종의 거대한 충전기가 만들어지게 됩니다. 또 구름 아래쪽으로 음전하가 모이면 지면은 양전하를 띠게 되어, 구름과 지면 사이의 공기층도 충전기로 만들지요. 그러다가 순간 방전이 일어나면 구름과 구름 사이, 구름과 지면 사이에 번개가 치게 되어요.

우리가 흔히 번개라고 부르는 건 구름과 지면 사이에서 일어나는 방전인데요. 이 형태는 전체 방전의 1/4 정도에 불과하답니다. 구름과 구름 사이에서 더 많은 방전이 일어나는 거지요. 번개가 치면 순간적으로 대기의 온도가 몇만 도나 올라가며 공기가 팽창하고, 그 충격으로 음파가 퍼지며 쩌렁쩌렁한 천둥소리를 내게 돼요.

》구름 위에서 치는《
메가 번개

그런데 번개가 아래로만 내려오는 게 아니라 구름 위에서도 친답니다. 블루 제트나 자이언트 제트는 구름 상부에 있는 음전하나 양전하가 구름 위로 파고들어 성층권의 기체를 때리면서 방전이 일어나고 빛을 뿜어내요. 블루 제트는 푸른빛을 내고, 자이언트 제트는 아래쪽이 푸르고 위쪽은 붉은빛을 냅니다. 스프라이트는 성층권보다 높이 올라가 해파리 모양으로 치며 붉은빛을 내고요. 버섯처럼 사방으로 퍼져 나가며 붉은빛을 내는 엘프스도 있지요.

기상재해

이 네 종류는 구름 위에서 치는 번개로 규모가 커서 메가 번개라고 불립니다.

전 세계에는 매 순간 2000개 이상의 소나기구름이 떠 있답니다. 하지만 위로 뻗어 가는 초고층 번개나 희귀한 발광현상은 보통 번개보다 빛의 강도는 매우 약하지요. 게다가 순간적으로 방전하고 순식간에 사라져요.

기상위성은 고해상도 카메라로 구름을 내려다보므로, 다중 채널 위성 영상으로 이것들을 뚜렷하게 잡아낼 수 있어요. 하지만 맨눈으로는 구름 너머 희미한 빛 현상을 좀처럼 보기 어렵지요. 그렇더라도 한밤중에 어둠을 틈타 순간을 잘 포착하여, 일반 카메라의 조리개를 크게 열고 몇 초 이상 노출시키면 역사적인 장면을 한 장 건질 수도 있을 거예요.

28

하늘에서 개구리가 떨어진다고?

어떤 소나기구름은 회오리바람을 몰고 다녀요. 이 바람은 강한 힘으로 땅이나 바다 위에 있는 물체를 부수거나 빨아올리기도 하는데요. 용이 하늘로 올라가듯, 회오리바람을 타고 개구리가 날 수 있지 않을까요?

우리나라 주변 바다에서는 용오름이 종종 나타납니다. 가느다란 물기둥이 구름 밑동에서 바다까지 이어져 있는데, 그 모습이 마치 용이 승천하는 것처럼 보여서 용오름이라는 이름이 붙여졌지요. 용오름은 강력한 바람이 구름과 함께 회전하며, 물과 주변 공기를 빨아올리고, 물기둥 속의 입자들이 빛을 산란해서 하얗게 보여요. 용오름과 비슷하게 생긴 토네이도는 훨씬 강한 힘으로 회전하는데, 집이건 나무건 자동차건 닥치는 대로 부수고 빨아올리며, 지나가는 곳마다 큰 상처를 남겨요.

》 바람이 팽이를 돌리듯 《 회오리를 일으킨다

용오름이나 토네이도같이 커다란 회오리바람이 있는가 하면, 학교 운동장에서는 종종 흙먼지를 일으키는 작은 회오리바람도 볼 수 있어요. 회오리바람은 어떻게 만들어지는 걸까요?

팽이치기 놀이에선 기다란 채찍으로 팽이 가장자리를 때리지요. 그러면 팽이는 가장자리에서 회전하려는 힘을 받아 돌기 시작하는데, 보이지 않는 바람이 팽이를 돌린답니다. 어느 방향으로 한 줄기 바람이 지나가면 그 주변의 공기가 뱅글뱅글 도는 거지요. 다만 평소에는 바람이 돌아가는 게 보이지 않으니, 회오리바람의 실체를 눈치채기 어려울 뿐이지요. 하지만 이 바람이 먼지나 수분을 싣고 돌아다닐 때는 그 실체가 확실하게 보이게 됩니다.

중위도 상공에서는 높은 곳일수록 편서풍이 강하게 부는데,

이 바람이 놀이공원의 대관람차처럼 거대한 회전 기류를 만들어 내요. 마치 밀가루 반죽을 펴려고 기다란 봉을 밀듯이, 바람이 손이 되어 커다란 투명 기둥을 굴리는 셈이지요. 한편 소나기구름 안에서도 솟구치는 바람과 내려앉는 바람이 서로 힘을 합쳐 회전 기류를 만들어 내요. 구름 안과 바깥의 회전 기류들이 서로 만나면 누워있던 원통 기둥이 꼿꼿하게 일어서서 뱅뱅 돌게 된답니다. 토네이도에 동반한 회오리바람 기둥도 이런 방식으로 만들어지는 것이지요.

》회전이 빨라질수록《 빨아올리는 힘도 세진다

용오름이나 토네이도가 일어나려면 바람이 제법 강하게 불고, 대기가 불안정해서 소나기구름이 발달해야만 해요. 바람의 회전 기둥 안에서는 기압과 원심력이 균형을 이루면서 회전속도가 빨라지지요. 회전하는 바람이 강해지면서 중심부의 기압도 점점 낮아지는데요. 기압이 낮은 중심부로 주변 공기는 물론이고, 지상의 물체나 파편들도 함께 빨려 올라가게 됩니다.

회오리바람은 시계 방향으로 회전하기도 하고 반시계 방향으로 회전하기도 해요. 팽이를 처음 돌릴 때 어느 쪽으로 채찍질을 하느냐에 따라 회전 방향이 달라지는 것과 다를 게 없죠. 우리가 잘 알고 있는 온대저기압이나 태풍은 북반구에서는 항상 바람이 반시계 방향으로만 휘몰아쳐요. 이것들은 토네이도나 용오름보다 덩치가 훨씬 커서, 지구의 자전 효과가 회전에 영향을 미치기 때문이지요.

》용오름을 타고《
물고기가 빨려 올라갈 수 있을까?

강력한 토네이도의 위력을 체험한 이야기가 적지 않습니다. 달리던 열차가 토네이도로 인해 탈선했다는 뉴스도 있었고요. 닭들의 털이 다 뽑혔다거나, 하늘에서 물고기나 개구리가 떨어지는 걸 보았다는 이야기도 심심찮게 들리지요. 이런 이야기를 들으면 조금 황당하기도 한데, 과연 어느 정도나 믿을 수 있는 걸까요?

손바닥만 한 물고기가 하늘을 날아오르려면 솟아오르는 바람의 힘이 중력을 이겨 내야겠지요? 풍력은 풍속의 제곱에 비례하여 커지고, 바람을 맞는 물체의 단면적에 비례하여 증가해요. 두 힘이 균형을 이루는 풍속을 구해 보면 대략 초속 45m인데, 토네이도의 풍속은 초속 80m를 넘기니 작은 물고기가 날아다니기엔 충분하겠지요.

해외에서는 커다란 우박 덩어리 안에 물고기나 작은 거북이 얼어붙은 채로 들어가 있었다는 기록도 있답니다. 강한 소나기구름의 위쪽에 떠 있는 얼음 입자는 수증기나 과냉각수를 먹으면서 성장하는데요. 그러다가 너무 무거워져 아래로 내려가면, 이번에는 물방울과 만나게 되지요. 이 입자들은 구름 속에서 작은 입자들과 충돌하거나 합쳐지면서 더욱 몸집을 불리고요.

상층과 하층의 바람이 서로 엇갈리게 불면, 마치 커다란 물레방아가 돌아가듯이 상승기류와 하강기류가 번갈아 이어집니다. 이런 조건에서 소나기구름이 발달하면 구름 입자는 몇 차례씩 올라갔다가 내려가기를 반복하게 되지요. 그때마다 우박 덩이는 덩치가 몇 배로 불어난답니다. 그러다가 때로는 야구공보다 큰 우박이 돼서 땅으로 떨어지기도 하지요. 만약 회오리바람을 타고 바다 생물이 소나기구름 속으로 들어가 우박의 씨앗이 되면, 물고기가 갇힌 우박 덩이가 떨어지기도 하겠네요.

29

태풍의 눈이 크면 힘도 셀까?

태풍의 구름 사진을 보면 가운데에 눈이 있어요. 눈이 움직이는 걸 보면서 태풍의 이동을 추적할 수 있지요. 태풍의 눈은 어떻게 만들어지는 걸까요? 눈이 선명하다는 건 무얼 말해 주나요?

발달한 태풍의 원형 구름대는 지름이 천km에 이르고, 상부에 기다랗게 이어진 구름 꼬리는 수천km가 되기도 해요. 태풍의 동태를 미리 감시하여 대비하는 게 요즘은 당연해 보이지만, 60여 년 전만 하더라도 세계 도처에서 태풍으로 인한 피해가 줄을 이었답니다. 대부분의 일생을 바다에서 보내는 태풍의 움직임을 파악하기가 어려웠기 때문이지요. 태풍이 가까이 오면 풍랑이 심해 배들은 멀리 달아나기 때문에, 태풍의 실체를 제대로 관측할 방법이 없었어요.

태풍이 오기 직전에는 고기압권에 들어가 맑은 날씨에 후덥지근한 열대의 기운이 들어오므로 사람들은 "날씨가 좋네!" 하면서 안심하고 있다가, 태풍이 몰고 온 해일과 강풍과 폭우로 낭패를 보기 일쑤였지요. 한 예로 1900년 미국 텍사스주 갤버스턴에서는 태풍이 갑작스레 덮쳐 8천 명 이상이 목숨을 잃었답니다. 또 제2차 세계대전이 끝나갈 무렵, 미 해군 함대는 일본군과 전투를 벌이다 필리핀 근해에서 보급 작전을 폈는데, 때마침 코브라 태풍이 필리핀으로 접근해 왔어요. 그런데 기상 상황을 제대로 파악하지 못한 채, 태풍의 중심으로 들어가는 바람에 많은 군인과 선박을 잃었답니다.

》태풍의 눈이《
두 개인 경우도 있어

1960년대 이후 위성에서 구름을 카메라에 담기 시작하면서, 태풍의 전체적인 윤곽을 손바닥 보듯이 훑어볼 수 있게 되었어요. 밤에는 열 감지 카메라를 써서 24시간 태풍을 감시할 수 있게 되었고요. 마이크로파 카메라가 나온 후에는, 구름 아래 강수대의 구조까지 훤히 들여다볼 수 있게 되었답니다.

위에서 내려다본 태풍은 생각했던 것만큼 단순하지 않았답니다. 태풍의 눈 하면 으레 도넛같이 둥그런 모양에 가운데 작은 구멍이 나 있는 모습을 떠올리지요? 하지만 위성 영상에 잡힌 태풍의 모습은 제각각이었어요. 태풍이 발달하는 동안에는 잠시 눈이 2개나 보인 것도 있었고요. 그런가 하면 기다란 날개가 가운데에서부터 바깥으로 나선을 그리며 한 방향으로 펴져 있거나, 양방향으로 2개의 날개가 펴져 있는 경우도 있었는데요. 태풍의 중심부에서 솟아난 구름이 상층바람을 따라 바깥으로 길게 퍼져 나가는 게 위성 영상에서는 기다란 날개처럼 보인 거지요.

열대 해상은 수온이 27도 이상으로 높은 만큼 수증기가 풍부해서, 도넛 모양의 구름대 안쪽에는 뱅 둘러 강한 소나기구름이 끼어 있어요. 구름 안에서는 해면에서 올라온 따뜻하고 습한 공기가 빠른 속도로 상승하고, 그 빈틈을 메꾸려고 사방에서 바람이 태풍 중심을 향해 나선형으로 몰려 들어가요. 그러면서 해면 위의 수증기를 소나기구름에 몰아주며 태풍 엔진이 계속 굴러가게 하지요.

한편 소나기구름이 안정한 성층권에 다다르면 더 이상 올라가지 못하고 측면으로 퍼져요. 도넛의 바깥쪽으로는 구름대가 수백 km까지 뻗어 나가는데, 상층 바람을 타면 더 멀리까지도 퍼져 나가지요. 반면 도넛의 안쪽으로 들어가는 기류는 한데 모인 후, 중심부에서 아래로 내려갑니다. 공기가 내려가는 동안 따라 들어온 구름은 증발해 버리고, 기압이 증가하며 기온도 올라요. 압력이 커지면 기체들이 더욱 심하게 충돌하며 온도가 오르기 때문이죠. 그래서 태풍 중심부에는 맑은 영역이 자리 잡게 되는데, 이게 도넛 모양의 하얀 구름대와 대비되어 위성 영상에서는 검은 눈으로 보인답니다.

》 눈이 선명하고 《
작아야 강한 태풍이다

태풍은 북반구에서 반시계 방향으로 회전하는데, 회전하는 바람의 원심력이 눈을 향해 빨려 들어가는 기압의 힘과 균형을 이루고 있어요. 그런데 위성 영상을 자세히 보면 시간에 따라 눈의 크기가 달라진답니다. 태풍이 강하게 발달할 때는 눈 중심부의 기압이 낮아지는데, 눈 외벽의 소나기구름이 수증기를 빨아올리는 힘이 세다 보니 주변에서 조여드는 바람도 강해 눈이 작아지지요. 반면 태풍이 약해지면 원심력이 기압의 힘을 이기면서, 눈 외벽의 소나기구름대를 바깥으로 밀어내므로 눈이 커지고요.

눈이 크면 겁이 많다는 얘기가 있지요. 태풍도 눈이 커지면 사나운 기운이 약해져요. 하나의 태풍이 생겼다가 사라지기까지는 일주일 이상 걸리는데, 그동안에도 강한 태풍은 눈의 크기가 작아졌다 커지는 과정을 두세 차례 반복하기도 한답니다. 태풍이 계속 발달할 때는 눈이 커진 후에도 다시 중심부에서 새로운 눈이 생겨나는데, 이때에는 잠깐 동안 2개의 눈이 나타날 때도 있어요. 태풍의 눈이 선명한 건 눈 외벽의 구름대가 강하고 구름 안쪽의 상승기류도 거세어, 하강하는 기류가 눈의 맑은 구역을 뚜렷하게 해 주기 때문이지요. 눈이 총총하면 씩씩해 보이지요? 태풍도 눈이 뚜렷할수록 강한 녀석이랍니다.

30

바람이 불면 수면위 불빛이 길어져 보인다고?

호수나 바다에서는 빛이 산란하며 다양한 색상과 질감을 선보입니다. 그런데 수면의 불빛은 왜 길게 늘어져 보이는 걸까요? 물결에서 산란한 빛으로 바람의 세기를 잴 수 있을까요?

밤이면 도심 주변 호수나 개천에서 수면에 반사된 전등 빛이 길게 늘어져 보이지요. 바람이 없어 잔잔한 호수에 전등 빛이 비쳐지면 둥그런 광원이 그대로 반사되어 보여요. 하지만 바람이 불면 표면에 잔물결이 일어, 물결은 솟은 곳과 내려앉은 곳이 반복해서 이어져요. 마치 작은 오목거울과 볼록거울이 교대로 이어진 모습 같지요. 평평한 거울은 한 방향으로 일사불란하게 빛을 반사하지만, 잔물결로 올록볼록해진 표면은 여러 방향으로 빛을 반사해요. 그러다 보니 가까우면 가까운 대로, 멀면 먼 대로 물결 위에는 나의 시선으로 반사해 오는 빛이 있어 불빛이 길게 늘어져 보입니다.

바람이 세질수록 물결이 더 심하게 일렁이고, 수면이 거칠어질수록 반사된 불빛도 여러 방향으로 분산되어, 한 방향으로 반사되는 빛의 세기는 약해집니다. 바람이 아주 세차게 불면 반사된 불빛이 워낙 약해 어둡게 보이겠지요. 그래서 호수 표면에 비친 건너편 가로등 불빛만 보아도 바람이 얼마나 세게 부는지 짐작할 수 있어요.

》 파도에서 반사한 빛으로 《 바람의 세기를 추정

도시에선 빌딩이나 각종 시설물이 바람막이가 되므로 폭풍이 세차게 불어도 그 힘을 온전히 느끼기 어려워요. 하지만 탁 트인 바다로 가면 바람이 온전히 제힘을 발휘하며 불어 대죠. 바람이 밀어주고 해와 달의 인력으로 끌어 주니, 바다는 쉬지 않고 출렁이며 파도가 넘실대요. 추석에 높은 언덕에 올라가 바다를 내려다보면, 대보름달의 환한 빛이 바다 위의 잔물결에 내려앉은 모습을 볼 수 있을 거예요. 잔물결이 여러 방향으로 빛을 보내준 덕분에 바다 가득 환한 기운이 느껴지지요.

한편, 해안가에 밀려오는 파도는 수심이 낮아져 이동속도가 느려지다 보니, 물결이 서로 포개지며 봉우리가 높아지는데, 파도 봉우리가 너무 뾰족하게 되면 잘게 부서지며 하얀 거품이 일어나요. 공기가 섞여 들어가서 봉우리마다 가득 흘러내리는 거품은 그 속이 비어 있어 햇빛이 쉽게 통과하여 산란하므로, 푸른 파도와 달리 우리 눈에 하얗게 보인답니다.

바람이 심한 날은 먼바다에서도 파도가 부서지며 하얀 거품이 줄무늬처럼 이어져 반짝여요. 풍속이 강해지면 파도도 높아지고, 그러다가 한계에 이르면 부서지며 물거품이 일어나지요. 이게 햇빛에 반사되면 푸른 바다를 배경으로 하얗게 보여요. 그래서 먼바다에 하얀 줄무늬가 섞인 흰 파도가 제법 보이기 시작하면, 바람이 시속 40km 이상으로 세게 불고, 파도의 높이도 2m 이상 되는 큰 파도라고 짐작하지요. 하얀 줄무늬는 바다의 신 포세이돈이 흰 말을 타고 커다란 발굽 소리를 내며 바다를 건너는 듯이 보여 '흰 말(white horse)'이라고도 불러요. 바람의 세기를 분류하는 보퍼트 풍력 계급* 5등급 이상인 강한 바람일 때 이 현상이 일어나요. 이 정도면 해안가에서도 깃발이 펴진 채로 펄럭이고, 새들도 쉽게 몸을 가누지 못하지요.

기상재해

》레이저를 발사하여《
바람의 세기를 측정

지상에서 수만km 떨어진 정지궤도 위성에서도 바다의 물결에서 여러 방향으로 난반사된 햇빛을 볼 수 있어요. 그 영상을 판독하여 파도와 바람의 세기를 추정해 볼 수 있답니다. 다만 이 방법은 해의 위치에 따라 사진으로 찍을 기회가 좌우된다는 게 아쉬운 점이지요. 극궤도 위성도 하루에 여러 번 남북 방향으로 지구를 돌기는 하지만, 물결에서 직접 반사한 햇빛을 만나 보기 어렵기는 마찬가지고요. 그래서 위성에서는 직접 레이저 빔을 해면에 발사하고 되돌아오는 반사 빔의 신호를 판독하여 파도의 거칠기와 바람을 추정하기도 하지요.

★ 바람의 세기에 따라 0에서 12까지 13등급으로 분류했으며, 영국의 해군 제독 보퍼트가 고안했다.

31

왜 비행기를 타면 늘 난기류를 조심하라 할까?

비행기를 타면 기체가 덜덜거리거나 심하게 흔들리기도 하는 등 수시로 크고 작은 난기류를 경험하게 돼요. 난기류는 어떻게 생기는 걸까요?

비행기를 타고 가다가 난기류가 심하다는 안내 방송이 나오면 서둘러 안전벨트를 매고 앉아 있어야 해요. 선반 위 물컵이 바르르 떨리고, 상하좌우 종잡을 수 없게 기체가 덜덜거리면 두 손을 꽉 쥐고는 안전 비행을 빌게 되지요. 바람이 급변하는 곳에서는 항상 난기류가 생겨요. 바람이 지면에 가까워지면 마찰력이 작용해서 속도가 급격하게 줄어들기 때문에 난기류가 심해지고, 또 강한 바람이 산맥을 넘어갈 때면, 암초를 만난 시냇물이 요동치듯이 한동안 솟았다 가라앉는 바람의 운동이 이어져요. 바로 이런 곳을 비행기가 지나갈 때 난기류를 맞게 됩니다.

》소나기구름이 끼면《
난기류가 심하다는 신호

소나기구름 내부를 보면, 한쪽에서는 수증기가 응결하며 따뜻한 공기가 강하게 상승하고, 다른 쪽에서는 비나 눈이 떨어지면서 차가워진 공기가 하강하는 구역이 교차해요. 패러글라이더를 타고 이런 구름에 잘못 들어가면 바람에 떠밀려 올라가기도 하고 다시 떨어지기도 할 거예요.

소나기구름이 안정한 성층권 가까이 가면 더 이상 오르지 못하고 상층의 바람을 따라 옆으로 삐져나와 대장간의 모루 모양이 돼요. 튀어나온 돌출부의 아래쪽에는 오톨도톨한 자국 같은 게 보이는데, 구름방울이 주변 공기와 섞이고 증발하면서 차갑고 무거워진 공기가 가라앉는 곳마다 아래쪽으로 볼록하게 튀어나온 거예요. 이 현상은 구름 속에 상하 운동이 활발한 난기류가 있다는 걸 말해 줍니다. 이 부근을 비행기가 지나간다면 기체가 흔들리겠지요.

때로는 발달한 소나기구름 밑의 작은 구름 조각들이 무질서하게 흩날리는 걸 볼 수 있는데요. 이건 낙하하던 빗방울이 증발하며 수증기가 늘어난 곳에 다시 구름이 만들어지면서 바람에 이리저리 날려 다닌다는 걸 말해 줘요. 경비행기나 헬리콥터가 이 구역을 낮은 고도로 지나간다면 상당한 난기류를 겪게 될 겁니다.

요즘 여객기는 소나기구름보다 높이 올라가지만, 그래도 천둥 번개와 돌풍을 동반한 소나기구름은 피해 다녀요. 하지만 안보나 항공관제 같은 이유로 비행 항로를 무턱대고 변경할 수만은 없어서, 때로는 알면서도 위험을 무릅쓰기도 해요.

》맑은 하늘에도《
제트기류 부근에는 난기류가 생겨

소나기구름이 아니라도 찬 공기와 따뜻한 공기가 부딪치는 곳에는 강한 바람이 불고 난기류가 생길 수 있어요. 비행기가 제트기류 주변을 지나갈 때 맑은 하늘에서도 종종 난기류를 겪는데, 소나기구름과 달리 기상레이더나 맨눈으로 식별하기 어려워요.

중위도 대류권계면 부근에는 제트기류 즉, 편서풍 강풍대가 흐르는데, 강풍대 중심부에는 강한 코어가 있고 주변으로 가면서 바람이 약해지며 풍속의 변화가 심해져요. 더구나 대류권계면 바

기상재해

로 위에는 안정한 성층권이 복원하려는 힘을 갖고 있죠. 그래서 바람이 급변하는 강풍대 주변에서 파동이 커지다가 파도처럼 부서지며 복잡한 난기류가 일게 돼요. 이렇게 고공에서 일어나는 난기류는 소나기구름이 없는 맑은 하늘에서 일어난다고 해서 청천난류라고 부른답니다.

　여객기는 직선 항로를 잡고 가면서도, 기왕이면 뒤에서 미는 강풍대를 타고 가려고 해요. 연료도 절약하고 비행시간도 줄일 수 있거든요. 그러다 보니 강풍대 주변을 자주 들락날락할 수밖에 없어서 그때마다 크고 작은 난기류를 겪게 된답니다. 또 착륙하려고 고도를 낮추며 비행할 때도 기체가 흔들릴 때가 있어요. 맑은 날이라도 바람이 산악 같은 복잡한 지형에 부딪히면 난기류가 일기 때문이지요. 특히 경비행기나 헬리콥터는 낮은 고도를 날아다니다 보니, 기체가 작고 가벼운 탓에 지형에 따른 난기류의 영향을 더 많이 받아요. 앞으로 도심의 하늘을 날게 될 무인 경비행기들은 빌딩과 인공 시설물이 만들어 낸 복잡한 난기류를 헤쳐 가야 할 거예요.

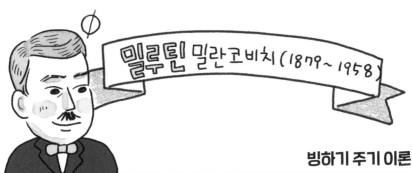

빙하기 주기 이론

세르비아의 천체물리학자 밀루틴 밀란코비치는 1879년 크로아티아의 농촌 마을에서 태어났다.

비엔나 공과대학교에서 기술 과학 박사 학위를 받고, 1909년부터 베오그라드 대학교의 교수로 지냈다.

왜 주기적으로 빙하기와 간빙기가 발생하는 걸까?

밀란코비치는 참전한 중에도 수학 계산에 몰두하며 중얼거렸다.

지구의 공전 궤도와 자전축의 변화로 과거 빙하기가 온 게 분명해.

펑

그는 약 2~10만 년마다 빙하기가 발생한다는 주기 이론을 확립하였다.

10만 년이라고? 지금은 1920년대 인데 그럼 언제야?

와

그의 이론은 지구 기후변화의 원인을 태양 주위로 공전하는
3가지 지구 궤도 변화와 연관지었다.

밀란코비치 주기 이론은?

① 지구의 공전궤도가 더 납작한 타원이
되어 변동해. 주기 약 10만 년

여름 북
겨울 남
태양
북 겨울
남 여름

② 지구의 자전축이
반대 방향으로
흔들려 (세차운동).
주기 약 2만 6천 년.

지금은
23.5°

③ 지구의 자전축 기울기가
22.1~24.5° 사이에서
변해. 주기 약 4만 1천 년.

이런 변화들은 지구에 인접한 태양, 달, 행성들의
중력이 관여해서 나타나는데, 태양 복사에너지의
양과 도달 위치를 변화시켜 지구 기후에 영향을 줘.

빙하가
주기적으로
발생해!

지구가 받는 태양 에너지 연간 총량은
대체로 일정하다. 주기가 맞아 떨어져
여름에 햇빛을 적게 받아 서늘해지면
얼음이 쉬 녹지 않고, 겨울에 햇빛을
많이 받더라도 얼음은 계속 쌓여 간다.
결국 빙상이 몸집을 불리며 빙하기가 온다.

6장

우리나라
사계절의 날씨

32

그 많은 장맛비는 어디서 왔나?

장맛비에 수증기를 대는 물길은 어떻게 한반도로 이어질까요?

그 물길은 어디서 시작하는 걸까요?

우리나라는 몬순 기후의 영향으로 여름에는 덥고 습하며 겨울에는 춥고 건조해요. 계절풍으로 불리는 몬순은 인도, 중국과 일본, 우리나라까지 아시아 대륙에 광범위하게 일어납니다. 여름과 겨울을 오가며 풍향이 뒤바뀌는 건 비슷하지만, 지역마다 계절별 날씨는 제각각이에요. 우리나라는 여름엔 남서-남동풍이 불며, 남쪽의 덥고 습한 공기가 올라와 비가 많고 후덥지근한 날씨가 이어져요. 겨울에는 북서-북동풍으로 변하며 북쪽의 차고 건조한 공기가 내려와, 한파가 잦고 간간이 눈이 오는 날씨를 보입니다.

》바다 위 아열대고기압은《 수증기의 보물창고

우리나라는 연간 강수량의 절반 이상이 여름에 내려요. 특히 장마철에는 한 시간 동안 80mm 이상의 강한 비가 여기저기 수시로 내리죠. 하루 동안 강수량이 몇백mm가 넘는 때도 있고요. 장마철에 우리나라처럼 비가 많이 오는 곳이 있다는 건, 반대로 지구촌 어딘가에는 비가 적어 가뭄인 지역도 있다는 뜻이에요. 대기에 흐르는 물길을 따라 수증기가 들어오는 곳에서는 구름대가 발달하고 비가 내립니다. 수증기의 물살이 거센 곳에서는 폭우가 쏟아지기도 하고요.

반대로 대기의 물길에서 벗어난 곳에서는 좀처럼 비를 보기 어렵겠지요. 북회귀선을 빙 두른 띠를 따라 아열대고압대가 자리 잡고 있어요. 열대에서 상승한 공기가 하강하며 쌓이는 곳은 대기가 안정하고 바람도 약하지요. 이 고기압권에서는 비도 구름도 없이 계속 햇살을 받아 물 표면이 먼저 더워지는데, 비구름의 처지에서 보면 쉴 새 없이 바다의 수증기가 증발하는 곳이라서 연료의 보물 창고라고 할 수 있지요.

여름이면 거대한 아시아 대륙은 바다보다 빠르게 달궈져요. 특히, 티베트고원은 아시아의 지붕이라고 불릴 만큼 광활한 대지 위에 우뚝 솟아 있어 주변보다 기온이 가파르게 상승해요. 이곳에서 열기가 상승하며 주위로부터 공기를 빨아들인답니다. 그 힘이 매우 강해 멀리 남반구에서도 적도를 가로질러 바람이 흘러 들어

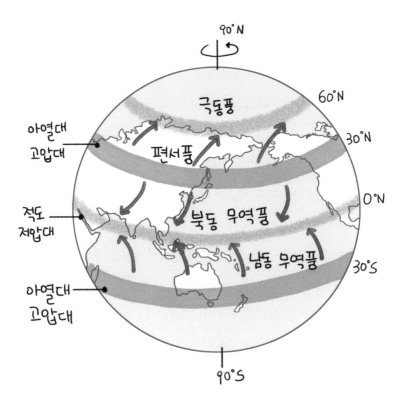

오지요. 지구가 자전하는 탓에 아프리카로 방향을 틀어 북상하다, 인도를 거쳐 동아시아 대륙으로 들어가는데, 이 남서 계절풍이 여름이면 아시아에 찾아와 많은 비를 뿌린답니다.

》장마와 태풍을 부르는《
북태평양고기압

여름철 북태평양은 상대적으로 아시아 대륙보다는 서늘해서 아열대고기압이 세력을 확장해요. 햇볕을 계속 받아 바다에서는 꾸준하게 수증기가 증발하고, 해수 온도는 고기압 남단에서 27도가 넘어, 따뜻한 바다 위에 자연스럽게 고온 다습한 해양성기단이 형성되지요. 여기에서 우리나라 여름 강수량의 60배가 넘는 수증기가 만들어져 바람을 타고 옮겨 가는데, 이 중 일부가 우리나라까지 먼 길을 건너와 장맛비에 연료를 대 줍니다.

장마철 유난히 세찬 비가 내리는 건 북태평양고기압이 확장하면서 그 가장자리를 따라 수증기가 남풍을 타고 대거 우리나라로 들어오기 때문이지요. 활모양으로 우리나라를 향해 열린 바닷길을 따라 남서풍이 강하게 불수록, 더 많은 수증기가 먹구름에 연료를 대며 양동이로 퍼붓는 비가 내리게 되지요.

태풍도 이 길목을 따라 북상합니다. 태풍은 수증기를 먹으면서 구름대의 몸집을 불리는데, 북태평양고기압 가장자리를 따라 따뜻한 바다의 에너지를 먹으면서 대형 태풍으로 발달하게 된답니다.

다른 대륙에서도 우리나라처럼 동쪽에 대양을 끼고 있는 곳은 어김없이 여름철 아열대고기압의 영향을 크게 받는데, 대서양에는 버뮤다 고기압이 발달하지요. 이 고기압의 가장자리를 따라 고온 다습한 기류가 미국 플로리다를 비롯한 동남부 해안 지대로 수증기를 끌어들여 많은 비와 허리케인을 불러온답니다. 이 지역에서는 태풍을 허리케인이라고 부르지요.

우리나라 사계절의 날씨

33

집중호우는 어떻게 좁은 공간에 쏟아질까?

우리 동네는 소낙비가 힘차게 내리는데, 옆 동네는 어떻게 해만
쨍쨍하나요? 집중호우와 소나기구름은 어떤 관계가 있을까요?

싱가포르 같은 적도 부근 도시에 가면 스콜을 쉽게 경험할 수 있어요. 아침부터 햇볕이 따갑고 열기가 후끈 달아오르며, 습도가 높아 후덥지근하지요. 여기저기 뭉게구름이 피어오르다, 점차 키가 큰 소나기구름으로 발달해요. 돌풍과 천둥 번개를 동반한 장대비가 요란하게 내리다가 30분에서 1시간 정도면 그치지요.

》소나기는《
국지적인 대류 현상

우리나라도 늦여름에는 스콜을 연상케 하는 강한 소나기가 여기저기 쏟아져요. 장마철이 끝나갈 무렵이 되면, 아시아 내륙에서는 열대 수렴대*가 티베트고원 턱밑까지 바짝 다가서고, 아열대에 뿌리를 둔 북태평양고기압이 세를 불리며 우리나라로 확장해 오지요. 대기는 불안정하지만 찬 공기가 북쪽으로 밀려나 구름대가 제대로 발달하지 못하고 후덥지근한 날씨가 이어져요.

그러다가 남서풍이 두텁게 고온 다습한 공기를 한반도로 끌어들이면, 여기저기 소나기구름이 발달하고 소낙비가 내려요. 이쯤 되면 한반도가 아열대기후로 변해 스콜이 자주 내린다고 푸념 섞인 얘기가 여기저기서 들려오기도 하지요. 대기가 불안정하기만 하면, 소나기구름은 워낙 돌발적이라 아무 데서고 불쑥 얼굴을

★ 적도 수렴대라고도 하며 적도 지역에 둘러져 위치하는 띠 형태의 저기압대를 말한다.

내밀지요. 같은 지형 조건과 기상 환경 안에서도 소나기구름은 여기저기 마음 내키는 대로 솟아올라 장대비를 퍼붓고는 이내 사라져요. 강한 소나기구름이 남쪽에 200mm 정도의 비를 쏟아부었는데, 한나절도 안 돼 이번에는 북쪽에서 비슷한 일이 벌어집니다. 이렇게 들쑥날쑥한 강수 패턴을 놓고 '게릴라성 호우' 또는 '럭비공 호우'라는 말도 생겨났지요.

소나기구름은 위아래로 공기가 섞이는 대류 현상의 일종이에요. 걸쭉한 수프를 냄비에서 끓이면 열기가 수프 표면으로 올라오며 여기저기 불쑥 튀어나오는 것을 연상해 보세요. 솟아나는 곳과 꺼지는 곳이 쌍을 이루는데, 이것들이 차지하는 영역은 매우 제한적이지요.

하나의 소나기구름이 차지하는 크기는 대략 5~10km 정도로 서울 시내 1개 구의 면적 정도에 불과해요. 옆으로 넓게 퍼진 평평한 비구름과 다르게 좁은 영역에 밀집해 있으며, 수직으로 높게 발달합니다. 키 큰 구름 기둥 안에 층층이 포개진 구름방울이 비가 되어 내리면, 강수 강도가 커질 수밖에 없지요. 대신 소나기구름이 급격하게 발달했다가 잠열 에너지를 한꺼번에 쏟아 내고 사라져서, 강수가 지속되는 시간은 30분 정도로 짧아요. 그러니 서울의 양천구에는 40mm 정도 세차게 소나기가 쏟아지는데, 옆의 영등포구는 벌써 비가 그치고, 한강 건너 이웃하는 마포구에는 비는커녕 해만 쨍쨍한 현상이 동시에 벌어지지요.

》소나기구름이 연합하면《
오래 세찬 비가 내려

찬 공기와 따뜻한 공기가 충돌하면, 종종 그 경계에서 강한 소나기구름이 발달하여 줄줄이 무리 지어 이동합니다. 어떤 때는 따뜻한 기단 안에서 빵처럼 펑퍼짐한 모양으로 소나기구름이 무리를 지어 다녀요. 무리 안에서도 소나기구름과 소나기구름 사이에는 옅은 구름이 섞여 있어요. 그래서 소나기구름이 지나가면 굵은 빗줄기가 내리다가, 연이어 옅은 구름이 지나가면 약한 비가 내리고, 다시 또 다른 소나기구름이 들어오면 빗줄기가 굵어지는 강약 리듬이 나타나지요. 구름 무리의 넓이와 모양, 이동속도에 따라서 강수 지속 시간과 강수량이 달라집니다.

소나기구름의 폭이 불과 10km라서 그 도시만 집중적으로 물 피해를 보고 다른 지역은 멀쩡한 일이 생겨요. 이런 때 집중호우라는 말을 쓰지요. 강한 남서풍을 타고 바다에서 온습한 수증기가 계속 들어올 때는, 바람 통로의 입구에서 소나기구름이 연속 발생하며 집중호우가 내려요. 소나기구름 무리가 일렬로 가면, 하나의 소나기구름이 지나갈 때마다 시간당 40mm의 비가 내렸다가 그치기를 반복하지요. 이렇게 몇 시간이 흐르면 금방 200mm가 넘는 큰비가 되어, 지하철역사가 침수되거나 하수가 역류하고 도로가 물바다가 되는 일도 벌어진답니다.

34

장마가 끝나면 왜 찜통더위가 찾아올까?

장마철이 지나면 으레 푹푹 찌는 무더위가 한동안 이어집니다. 습도는 더위와 어떤 관계가 있을까요? 열돔은 어떻게 찜통더위를 가두어 두는 걸까요?

우리 몸은 36.5도의 체온을 유지해야 제 기능을 합니다. 더워지면 땀이 나는데, 땀이 증발할 때 체내 열을 빼앗아 가서 체온을 다시 정상으로 만들지요. 사람은 다른 포유류와 달리 땀샘이 월등히 많답니다. 덕분에 오랜 기간 더운 기후에 적응하는 데 큰 도움을 주었지요. 아프리카의 열대 지역에서 살았던 인류의 조상은 한낮의 뙤약볕에서 사냥에 나섰을 텐데요. 밖으로는 폭염에, 안으로는 땀박질로 체내 열이 높아지는 게 생존에 걸림돌이 되었겠지요. 그래서 표피의 털은 짧아지고 가늘어진 대신, 땀샘이 늘어나 열을 손쉽게 체외로 내보낼 수 있게 되었어요.

》습도가《
여름 나기를 힘들게 해

습도가 높은 날은 땀을 흘려도 더위를 식히기 어렵지요. 습도는 주로 상대습도를 말하는데요. 습도가 높아지면 대기 중에 이미 수증기가 많이 차 있어, 추가로 수증기가 끼어들 공간이 좁아져요. 그러다가 습도가 100%가 되면, 대기 중에 수증기는 더 이상 파고들 틈이 없어 땀이 증발하지 못하고 흘러내리지요. 피부가 땀에 젖고, 기온마저 높아지면 땀만으로는 체온을 조절할 수 없어요. 열악한 기상 조건에 무방비로 방치되면 온열 질환에 걸리기 쉽지요. 찜통더위를 이겨 내려면 기온뿐 아니라 습도까지 고려한 '더위 체감 지수'를 살펴야 해요.

우리나라 여름은 고온에 습도가 매우 높아 무더워요. 날이 우

북태평양고기압 가장자리를 따라 많은 수증기가 몰려오면 장맛비가 내리고, 습도가 높아져 찜통더위가 온다.

무서워, 다 잠기겠어!

중충해서 구름이 해를 가려도 더위는 좀처럼 가시지 않지요. 여름나기가 힘든 건 북태평양고기압 때문인데요. 북태평양고기압이 세를 뻗치면서 그 가장자리가 남해까지 다가오면, 우리나라는 본격적으로 장마철에 접어들어요. 고기압의 가장자리를 따라 오키나와에서 제주도까지 활모양으로 수증기의 물길이 이어지는데, 그 길을 따라 고온 다습한 공기가 들어옵니다.

장맛비가 오락가락하는 동안에도, 대륙과 해양의 온도 차는 계속 벌어지고 북태평양고기압이 세를 불리며 아시아 대륙을 향해 확장해요. 그러다가 북태평양고기압이 만주까지 뻗치면 우리나라는 장맛비가 그치지요. 대신 고온 다습한 고기압의 영향권에 푹 들어가 연일 햇볕이 강하게 내리쬐며 열기는 최고조에 이르지요. 그러면서 낮 최고기온이 30도를 넘고, 습도가 80%를 넘나드는 찜통처럼 푹푹 찌는 날씨가 이어집니다.

》열돔 현상으로《
열대야가 이어져

북태평양고기압은 상부까지 더운 공기로 차 있어서 키가 커요. 편서풍을 따라 들어오려던 비구름도 고기압의 높은 벽에 막혀 아예 접근하지 못하지요. 상층까지 따뜻하고 가벼운 공기로 채워지며, 무게중심은 내려와 대기는 안정하고요. 소나기는 찔끔 오다 그치지요. 위로 열기가 잘 퍼지지 못해 바닥의 열기가 빠져나갈 구멍이 없어, 햇볕이 지면을 달구는 대로 기온이 계속 올라갈 수밖에 없어요. 결국, 따뜻한 공기가 높은 곳까지 들어차 고척 스카이돔처럼 두툼하게 열돔을 만들어요.

도시에서는 밤새 에어컨을 켜거나 산업 시설이 돌아가고 자동차가 매연을 뿜어 대며 열기를 부추기지요. 새벽에도 기온이 25도 이하로 떨어지지 않는 열대야가 계속되다가, 낮이 되면 다시 불볕더위가 기승을 부리는 날씨가 한동안 반복됩니다.

우리나라 사계절의 날씨

그래도 이삼 주 정도만 견디면 가을로 접어들며 삼복더위가 사그라드는 건 다행이지요. 대륙의 열기가 식으면서 바다와 대륙의 온도 차가 줄어들면, 북태평양고기압도 점차 쪼그라들고 수증기의 물길도 한반도 남쪽으로 내려가니까요. 그 빈자리에 편서풍대를 따라 온대저기압과 이동성고기압이 줄을 지어 우리나라를 지나가며, 주기적으로 찬 공기가 남하할 때마다 가을이 성큼 다가오는 걸 느끼게 됩니다.

35

가을 하늘이 유난히 높고 푸른 이유는?

가을 하늘은 유난히 푸르고 높아 보입니다. 또 가을에는 높은 하늘에 양떼구름이 자주 끼지요. 가을 하늘이 높아 보이는 이유를 알아 볼까요?

하늘은 그저 파란색이라고 생각하기 쉽지만, 언제 어디를 쳐다보아도 똑같은 파란색은 아니지요. 하늘색이 다른 것은 시선에 따라 빛이 다른 경로로 대기층을 통과하며 산란이 일어나 여러 색이 섞인 탓이에요. 게다가 바람을 타고 대기 중에 날아다니는 먼지들도 햇빛을 산란하여 하늘색을 어둡게 하니, 매일 매일의 기상 조건에 따라 하늘색도 조금씩 달라질 수밖에 없지요.

그런데 가을에는 다른 계절보다 유독 하늘이 파랗게 보여요. 여름에는 습도가 높아 대기에 떠다니는 먼지에 수증기가 달라붙어 응결하고, 이것들이 햇빛에 산란하여 탁하게 보이죠. 하지만 가을에는 대기가 건조해서 산란하는 푸른색이 시야에 온전히 들어오는 데다가, 비단처럼 얇은 구름이 햇빛을 받아 하얗게 빛나면, 배경인 하늘색은 더욱 푸르게 느껴진답니다. 또 가을에는 실가락지 같은 구름이 높게 떠 있다 보니 하늘이 더욱 높아 보이지요.

》여름에는 낮은 하늘에 뭉게구름,《 가을에는 높은 하늘에 양떼구름

구름이 끼는 조건은 수증기량과 기온의 관계에 따라 달라져요. 기온이 높은 여름철에는 남서풍을 타고 바다에서 수증기가 많이 들어와 습도도 함께 높아지므로, 낮은 고도에서도 구름이 자주 끼어요. 한여름 태양 빛에 대지가 뜨겁게 달궈지면 손에 잡힐 듯 낮은 고도에 뭉게구름이 끼고, 그 사이사이로 높은 구름이 보이지요. 그래서 하늘이 낮아 보입니다.

하지만 가을이 되면 기온도 서서히 떨어지며, 북쪽에서 이동성 고기압을 따라 건조한 공기가 주기적으로 내려오면서 대기 중에 수증기도 많이 줄어들어요. 그러다 보니 기온이 낮은 곳으로 높이 올라가야 응결이 일어나지요. 그래서 높은 하늘에 얇은 천으로 두른 것 같은 권층운이나 양떼구름이 걸리며 하늘도 높아 보인답니다.

》얼음 입자가 바람에 날려《
활모양을 그려 낸 새털구름

상층에 있는 높은 구름 중에서 새털구름은 가는 붓으로 그린 듯한 활모양이 독특해요. 이 모양은 어떻게 생겨난 걸까요? 새털구름은 낙하하는 강수가 증발하며 일어나는 꼬리구름이에요. 가을로 접어들어 기온이 떨어지면 빙점이 낮은 고도로 내려와요. 자연히 높은 곳에 있는 구름 안에는 물방울 대신 얼음 입자가 떠 있지요. 상공의 강한 편서풍에 사뿐히 올라탄 후 주변의 과냉각수를 먹으면서 덩치가 커진 얼음 입자는 무게를 이기지 못하고 낙하합니다. 낮은 곳으로 내려올수록 풍속이 줄어들어 증발하는 꼬리가 길게 이어져 활모양을 그리게 되지요. 증발이 계속 일어나면, 입자는 더욱 가벼워져 하강 속도가 줄어들고 결국 꼬리는 지평선에 나란하게 선을 긋다 이내 사라져요. 그렇게 해서 전형적인 콤마 모양의 새털구름이 가을 하늘에 만들어진답니다.

36

가을철에 유독 땅안개가 자주 끼는 이유는?

가을철에는 강가나 계곡을 따라 안개가 물처럼 흐르는 걸 쉽게 볼 수 있지요. 땅안개가 끼면 날씨가 좋아지는 건 왜일까요?

가을철에는 맑고 건조한 날이 며칠이고 이어집니다. 나무도 잎을 떨구고 추수를 마친 벌판은 확 트여 시원하지요. 그러다 밤이 되면 하늘은 맑고 별들이 총총합니다. 이런 때 새벽이면 계곡과 강기슭에 안개가 강물처럼 흐르는 걸 볼 수 있어요. 개울이나 강 주변에는 수면에서 증발한 수증기가 많은 데다, 밤새 차가워진 산 공기가 골짜기를 타고 내려오다 보니 주변보다 쉽게 안개가 끼는 거지요.

》 일교차가 크면 《
수증기가 쉽게 응결해 안개가 낀다

가을이 오면 여름내 호우와 폭염을 불러온 북태평양고기압은 힘이 빠져 남쪽 바다로 물러나지요. 하지만 대륙의 냉기는 아직 제대로 만들어지지 않아 시베리아고기압이 그 빈자리를 채우지도 못하는 어정쩡한 상태에 놓이게 되는데요. 이때를 틈타 여름에 북쪽으로 올라간 제트기류는 다시 한반도 주변으로 남하해요. 제트기류를 따라 온대저기압과 이동성고기압이 한 짝이 되어 우리나라를 자주 지나가지요. 온대저기압이 지나며 비를 뿌리면 토양은 축축하게 젖어 들고, 대기 중에는 수증기가 충전됩니다. 뒤따라 이동성고기압이 내려앉으면, 한동안 맑고 건조한 날이 이어지고, 낮 동안 햇빛을 받으면 기온은 쑥쑥 올라가지요.

한편, 밤이 점차 길어지면서 야간에 적외선 복사가 일어나는 시간이 늘어난 만큼 기온이 뚝뚝 떨어지게 됩니다. 그러다 보니 일교차가 큰 폭으로 벌어지며, 기온이 최저가 되는 새벽녘이 수증기가 응결하기 좋은 조건이 된답니다. 반면에 바다는 수증기가 풍부하지만 내륙과 달리 열용량이 커서 밤이 되어도 기온이 쉬이 떨어지지 않아요. 그래서 가을이라도 일교차가 큰 내륙 지방에서 땅안개가 자주 끼게 되지요. 특히 주변에 호수나 강이 흐르는 곳에서는 수증기가 풍부해 땅안개가 더욱 짙게 낀답니다.

》땅안개가 끼면《 맑은 날씨가 된다

땅안개는 찬 바닥에서 태어나서 찬 걸 좋아하지요. 그런데 쑥덕거리는 바람과 뜬구름은 냉기의 기운을 빼앗아 가며 안개에 훼방을 놓는답니다. 바람이 살랑살랑 불어 대면 공기가 위아래로 섞이지요. 낮 동안 데워진 대기의 잔열도 스멀스멀 바닥으로 끼어들어 냉기의 기운을 누그러뜨려요. 또 안개층에 갇혀 있던 수증기도 위쪽 건조한 공기와 섞이며 희석되지요.

구름이 많아도 안개가 끼기 어려운데, 구름은 지면에서 방출한 적외선 에너지를 받았다가 다시 땅으로 되돌려줘요. 그러면서 온실처럼 땅이 식는 걸 막는답니다. 지면의 냉기가 그리 강하지 않다 보니, 수증기가 응결하여 안개가 되기도 쉽지 않아요. 안개가 끼었더라도 그 위로 구름이 들어오면 안개는 약해지고요.

땅안개도 동이 트면 잠에서 깨어납니다. 해가 뜨면 햇빛이 대지를 달구고 바닥에서부터 열기가 일어나며, 대기의 안정 구도가 허물어지기 시작해요. 바닥이 따뜻하다 보니 물 주전자에 불을 땔 때면 밑에서부터 열기포가 일어나듯이 난류가 일어나, 위아래로 열과 수증기를 뒤섞지요. 그 바람에 안개는 위쪽 건조한 공기와 섞이면서 증발하고, 결국 안개가 걷혀서 맑은 날이 됩니다.

날씨가 맑으면 야밤에 땅을 냉각시켜 땅안개가 끼기 좋은 기상 조건이 되는데, 바로 그 조건이 해가 뜬 후 안개가 빠르게 사라지는 데도 필요하지요. 날씨가 맑아야 동이 튼 후 햇살을 듬뿍 받을 수 있어, 안개도 쉽게 사라지니까요. 그래서 새벽에 땅안개가 끼어 있다면 그날은 맑을 거라고 예상하는 게 일리가 있지요.

우리나라 사계절의 날씨

37

북서 계절풍이 불어오면 왜 유난히 추운 걸까?

겨울이 오면 한파가 자주 찾아오지요. 시베리아가 북극보다 위도는 낮은데 더 추운 이유는 뭘까요? 시베리아 냉기는 어떻게 한반도로 밀려오나요?

대륙의 고기압이 한반도로 확장하면 동장군이 시베리아 특급열차를 타고 내려와요. 바람이 강해서 창틀에서는 쉭쉭 바람 소리가 나고, 수은주가 전날보다 10도 이상 곤두박질치며 체감온도는 영하 20도 아래로 떨어지지요. 간밤에 눈이라도 내린 날에는 도로가 얼어붙고, 사람들은 엉금엉금 기어다녀요. 여기저기 계량기가 터지고, 난방기가 과열되어 불이 나기도 해요. 겨울이면 몇 차례씩 한파가 올 때마다 마주하는 일상이지요.

》바다가 없는 시베리아는《
건조해서 열이 잘 섞이지 않아

겨울이면 한파를 몰고 오는 시베리아 냉기는 어떻게 차가운 기운을 갖게 되었을까요? 가을이 되면 태양고도는 점점 낮아지고, 시베리아 동토에 다시 눈이 쌓이며 낮 동안에도 햇빛을 대부분 되돌려 보내지요. 밤에는 적외선을 방출하며 지면 온도가 계속 떨어지는데요. 지면 위에 대기도 차갑게 눌러앉아, 공기가 포개지며 기압은 점차 높아져 시베리아고기압이 터를 잡는답니다.

아시아 대륙 북동쪽에 자리 잡은 시베리아는 바다에서 멀리 떨어져 있고, 기온이 낮아 습기가 차기 어려워요. 건조하고 맑은 날이 이어지고, 밤은 길어져 적외선 에너지는 연일 하늘로 빠져나가지요. 대기가 안정하고 바람이 약해 난류의 움직임이 둔해져서 위아래로 열이 잘 섞이지 않아요. 지면이 차가워질수록, 맞닿은 대기도 지면에 열을 빼앗겨 기온은 더욱 떨어지지요. 영화 〈겨울

왕국)에서 엘사는 얼음으로 지어진 성을 찾아 들어가는데, 햇빛은 모두 반사하여 차디찬 냉기만 내부를 가득 채우고 있었지요. 시베리아 동토에 있을 냉기의 왕국이 상상이 가나요?

넓은 대륙에 걸쳐 매우 차고 건조한 시베리아기단이 일단 세력을 모으면, 무거워진 공기는 강력한 고기압권을 형성하며 기압이 낮은 주변 지역으로 퍼져 나가지요. 다만 지구가 자전하는 탓에 고압부 중심권에서 흩어지는 기류는 시계 방향으로 돌게 되는데요. 고기압의 동쪽에서는 북풍이 불면서 지속적으로 극지의 찬공기를 끌어내려 한기를 지원하는 반면, 그 서쪽에서는 남풍이 불면서 저위도의 미적지근한 공기와 섞이면서 한기가 누그러져요. 그래서 북반구에서 가장 추운 지역은 대부분 시베리아에서도 북풍이 부는 동쪽 내륙에 몰려 있답니다.

북극 지방은 햇빛을 가장 적게 받으니 가장 추워야 마땅하지만, 얼음 사이로 바다의 열기가 대기로 뿜어 나오는 곳에서는 기온이 많이 내려가기 어려워요. 대기가 아무리 차가워도 수온은 0도 부근에 머물러 상대적으로 따뜻한 기운을 지녔으니까요.

》북풍과 함께《
시베리아 냉기가 한반도로 내려와

시베리아 냉기는 어떻게 한반도로 내려올까요? 스무디를 만들려고 믹서를 돌리면 과일즙이 유리그릇 가장자리를 타고 올라서며 소용돌이치듯 뱅뱅 돌지요. 우주에서 극지방을 바라본다면, 성층

권 공기도 믹서의 과일즙처럼 극을 중심으

로 뱅뱅 돌아가는 게 보이겠죠. 극성층권 소용돌이도 마찬가지예

요. 겨울이 되면 극성층권에는 냉기의 강도가 더해지며 소용돌이

가 더욱 거세져요. 그러면 차갑고 무거워진 공기가 가라앉은 탓에

성층권에는 저기압이 형성되고, 그 주변을 따라 편서풍이 강하게

불지요.

　　이 편서풍 바람 띠는 극지의 차가운 공기와 중위도의 따뜻한

공기 사이 경계면에 놓여, 극지의 차가운 공기를 가두는 가로막 역할을 해요. 하지만 극지 기온이 올라 열대와 온도 차가 줄면 바람 띠가 약해지며, 마치 팽이가 힘이 빠지면 비틀대듯이, 소용돌이 바람 띠도 심하게 남북으로 사행하게 돼요. 남풍이 부는 곳에서는 일시적이지만 극지에도 온기가 돌고, 북풍이 부는 곳에서는 극지에 가두어 둔 냉기가 바람을 타고 남하하는 곳마다 일시적으로 한파가 옵니다.

그래서 북풍이 한반도를 향해 고개를 내밀면 북극권에 갇혀 있던 시베리아의 냉기가 내려오게 되지요. 찬 공기는 마치 밀가루 반죽을 기다란 봉으로 얇게 밀어내듯이, 바닥에 깔리면서 주변 지역으로 퍼져 가는데요. 아래쪽을 차지한 찬 공기는 무게중심이 낮아 안정해서, 지면이 충분히 달궈지기 전까지는 꿈쩍하지 않는 자세로 바닥에 바짝 달라붙어 있어요. 그러다 보니 북극한파가 내려오면 살을 에는 추위가 한동안 이어지게 됩니다.

38

눈오리 만들기 좋은 날이 따로 있다고?

함박눈이 내리면 포근하게 느껴지는 건 왜일까요? 눈송이가 어떤 때는 잘 뭉쳐지지 않고 어떤 때는 잘 뭉쳐지는 건 왜 그럴까요?

눈이 내리면 눈세계를 감상하기라도 하듯 세상이 숨죽이고 조용해져요. 거리의 자동차 소음도, 지나가는 사람의 말소리도 눈 속에 파묻혀 버리지요.

눈송이는 가벼워서 공기의 저항을 많이 받아 사뿐하게 땅에 앉아요. 1cm 쌓인 눈이 녹으면 1mm 정도의 물이 되는데, 대략 10:1 비율이지요. 눈은 90% 이상이 공기로 채워져 있어서, 눈이 머금은 물기가 적을수록 이 눈비 비율이 커진답니다.

구멍이 송송 난 눈송이 안으로 음파가 들어가면, 미로 같은 틈새 안에 갇혀 좀처럼 한 방향으로 나아가지 못해요. 여기저기 음파가 부딪힐 때마다 에너지가 줄어 소리가 작아지고요. 하지만 쌓인 지 오래된 눈은 얼어붙어 딱딱해지고 빈틈도 줄어들어 음파가 오히려 반사하며 소리가 더 크게 들리기도 하지요.

북유럽 산타클로스가 다닌다는 전나무 숲에는 가루눈이 하염없이 내려요. 툰드라기후인 고위도지방은 겨울이 매우 차고 건조해 눈비 비율이 30:1까지도 되죠. 눈에 물기가 적어 밀가루처럼 가늘게 내리며, 땅 위에 내려앉아도 잘 달라붙지 않고 바람에 이리저리 휩쓸려요. 그 위를 걸으면 눈의 얼음 결정들이 서로 눌리면서 유난히 뽀드득거리는 소리가 납니다.

》함박눈은《
추위가 누그러진 때 온다

어떤 때는 한입 떼어 낸 솜사탕처럼 큼직한 함박눈이 내려와요.

수만 개의 눈송이가 바람에 춤추며 가볍게 내려오는 걸 보고 있으면 왠지 포근한 느낌도 듭니다.

큼지막한 함박눈이 내리려면 우선 수증기가 많이 모여야 해요. 따뜻한 남쪽에 수증기가 많으니, 남풍이 강하게 불면 수증기를 많이 끌어오겠지요. 꼭 남쪽 바다가 아니어도 서해나 동해에서 불어오는 바람은 수증기를 가져다줘요. 다음으로, 구름 안에서 눈송이가 크게 자랄 수 있어야 해요. 수증기가 응결하여 얼음 입자가 되고 나면 그다음부터 눈송이는 다른 눈송이나 물방울, 얼음 결정 등을 잡아먹으면서 덩치를 키웁니다. 눈송이가 구름 아래로 내려오다가 0도에 가까운 층을 만나면, 과냉각 물방울을 많이 잡아 더욱 몸집을 불릴 수 있어요. 기온이 아주 낮은 것보다는 0도까지는 올라야 큰 눈송이로 성장하지요. 그래서 함박눈은 솜털 같은 겉모습이 주는 느낌에 더해, 실제로 기온이 높을 때 내려 더 포근하게 느껴진답니다.

》함박눈은《
수분이 많아 잘 뭉쳐져

함박눈이 내리면 기온이 높아 눈송이 일부가 녹으면서 수분 함량이 늘어나요. 쌓인 눈도 햇빛에 녹으면서 물기가 많아지고요. 그래서 함박눈은 끈적거리고 잘 뭉쳐져 눈사람이나 눈 오리 만들기에 안성맞춤이죠.

함박눈은 가루눈보다 외관상 훨씬 커 보이지만, 눈비 비율은

가루눈보다는 작아요. 그래서 시설물 위에 쌓이면 하중이 커져, 농가의 비닐하우스가 무너지는 사고가 나기도 하지요. 축축한 눈이 3cm만 쌓여도 마른 눈에 비해 무게가 2~3배씩 늘어나게 된답니다. 눈이 많이 쌓이면 도로가 끊기고, 산간 마을이 고립되기도 해요. 반면 겨울 산에 눈이 많이 오면 이듬해 봄에 녹은 눈으로 농사를 짓고 가뭄이나 산불에 대비할 수 있겠지요.

눈은 가만히 있지 않고 생명체처럼 수시로 변동하며 녹으면서 액체가 되거나, 바로 승화하여 기체가 되기도 하지요. 그런가 하면 녹았던 물이 다시 얼거나, 주변의 수증기가 달라붙어서 서리가 끼기도 하는 등 상태변화가 심해요. 지상에 쌓인 후에도 시간이 지나면서 얼음 결정구조가 변하고, 눈 속의 빈 곳이 줄어들며 눈이 쌓인 깊이가 달라지지요. 해가 비치면 눈 표면에서 녹아내리기도 하고요.

눈은 언제 어디서 어떻게 관측하느냐에 따라 쌓인 깊이에 차이가 나서, 정확한 관측을 위해 과학자들이 지혜를 모으고 있답니다.

39

겨울 아침에는 먼지 농도가 높다고?

대기 중에 떠다니는 먼지 입자 또는 에어로졸 탓에 하늘색이 바래기도 해요. 이것들은 어디서 온 걸까요? 낮보다 아침에 먼지 농도가 높아지는 건 왜 그럴까요?

대기 중에는 기체뿐만 아니라 작은 입자도 함께 떠다녀요. 청소를 해도 조그만 틈을 비집고 들어와 실내에 쌓이지요. 작은 입자라면 우선 먼지처럼 고체인 미세한 가루가 떠오르는데, 사막이나 메마른 대지에서 바람이 일면 먼지가 생겨나요. 전 세계적으로 매년 10억 톤이 넘는 먼지가 떠다닌답니다. 한편, 바다에서는 물결이 일 때마다 물거품이 대기 중으로 날아가 증발하면 소금 먼지가 되어 대기 중에 떠다니지요.

입자 중에는 산불 연기처럼 기체도 있고, 수목이 내뿜는 분비물처럼 수분이 섞여 있는 것도 있어요. 여러 형태의 입자들이 범벅이 되어 복잡한 모습을 띠기도 하지요. 그래서 작은 입자라고 하면 먼지가 익숙한 이름이지만, 그중에는 기체나 액체가 섞여 있다 보니 통칭하여 에어로졸이라고 부릅니다.

》 자연이 만드는 먼지, 《 사람이 만드는 먼지

에어로졸은 대부분 자연에서 나온 것이지만, 10% 정도는 가정이나 공장, 자동차에서 나오는 연기처럼 사람이 만들어내요. 도심을 달리는 자동차나 공장지대에서 나온 질소산화물, 탄화수소는 햇빛과 반응하여 오존, 이산화황 같은 2차 오염물질을 만들어내요. 이것들은 지름이 2.5마이크로미터보다 작은 입자도 섞여 있는데, 굵기가 머리카락의 몇십분의 일도 안 된답니다.

추운 계절 중국이나 몽골, 만주에서는 난방용 땔감을 많이 태워서, 타고 남은 미세 입자들이 북서 계절풍을 타고 우리나라로 대거 들어오지요. 기압이 정체할 때마다 이웃 나라에서 날아온 입자에 국내에서 발생한 것까지 한데 쌓이면서, 입자의 농도가 심각한 수준에 이르기도 해요. 미세 입자들은 특히 폐 속을 자유롭게 드나들며 호흡기나 혈관 질환 등 건강에 좋지 않은 영향을 미치므로 피하는 게 좋아요.

먼지는 어디서고 대접받지 못하는 불청객이지만, 먼지가 없다면 이 세상도 깨끗해지기 어려워요. 구름이 끼고 비와 눈이 내려 세상을 정화해 주는 것도 먼지 같은 작은 입자들이 대기에 섞여 있어서 가능하지요. 보통의 대기 조건에서는 기온이 낮아져 상대습도가 100%가 되어도 곧바로 구름방울이나 얼음 결정이 만들어지지 않지만, 작은 입자들이 구름 씨앗이 되면 그 주변에 쉽게 수증기가 응결하여 구름이 된답니다.

오염된 입자는 물에 잘 녹아 구름 씨앗이 되기 쉬워요. 다만 크기가 작고 개수는 많다 보니 수증기를 경쟁적으로 가져가, 구름방울이 많아져도 크게 자라기는 어렵지요. 이렇게 만들어진 구름이 햇빛을 산란하면 더 밝게 빛난답니다. 흔히 구름이 유난히 밝으면 대기가 청정해서 그렇다지만, 오염 입자가 많아도 그럴 수 있겠다는 데 생각이 미치면 좀 씁쓸하기도 하지요.

» 겨울철 새벽에는 《
공기가 섞이기 어려워 오염도가 높아진다

여름철에는 낮 동안 햇빛으로 더워진 지면 부근에서 대류가 일어나 공기가 쉽게 섞이며, 여유 공간이 많은 위쪽으로 확산해요. 반면 겨울철에는 찬 공기가 바닥에 깔려 있으니 대체로 대기가 안정해서 위아래로 공기가 잘 섞이기 어려워요. 게다가 차가운 시베리아고기압이 주기적으로 우리나라로 확장했다가 한동안 머물지요. 한파가 누그러지고 바람이 약해지면 대기는 안정한 가운데, 주변에서 만들어진 각종 입자나 외국에서 날아온 입자들이 지면 부근에 쌓이며 먼지 농도가 높아집니다.

대기는 낮 동안에는 난류가 활발하여 경계층이 두꺼워지면 그만큼 여유 공간이 늘어나, 지상에서 배출한 각종 오염 물질이 손쉽게 위로 확산한답니다. 하지만 밤이 되면 경계층이 얇아지고 난류가 점차 약해지다 새벽녘이 되면 잔뜩 움츠러들지요. 이때 매연이나 오염된 에어로졸이 대기 중으로 뿜어져 나오면, 주변으로 퍼져 나가기 어려워 오염이 심해져요. 도심에서는 특히 오염도나 먼지 농도를 따져, 아침 건강을 잘 살펴야 합니다.

40

봄철 황사가 자주 발생하는 이유는?

봄이 되면 하늘이 누렇게 보입니다. 중국이나 몽골의 건조 지대에서 모래 먼지가 날아온다는데, 건조 지대에 사막화가 진행되면 우리에게는 어떤 영향이 미칠까요?

봄 하늘은 그리 개운하지가 않아요. 맑은 날에도 하늘이 파랗기보다는 누런색이 섞인 느낌이고, 지평선 부근을 바라보면 연갈색이 묻어나 보이기도 하지요. 중국이나 몽골 건조 지대에서 날아온 황사가 미세먼지와 함께 날아와 하늘을 부옇게 채우기 때문이죠. 반면 같은 온대 지방이라도 영국의 봄 하늘은 티 없이 맑기만 해요.

두 나라의 봄 하늘이 이처럼 다른 인상을 주는 데는 지리적 요인도 빼놓을 수 없어요. 중위도에서 날씨는 편서풍을 타고 서에서 동으로 이동해 갑니다. 영국은 대서양을 서쪽에 두고 있어, 서풍을 타고 청량한 바다 공기가 들어와요. 반면 우리나라는 광대한 아시아 대륙을 서쪽에 두고 있어, 서풍을 타고 땅 먼지가 들어오는 거지요.

》건조지대와 사막으로 이어지는《 먼지 벨트

우리나라에 불어오는 편서풍을 거슬러 서쪽으로 멀리 가 보면 아프리카의 사하라사막이 나와요. 그 동편에는 아라비아사막이 있고요. 이 건조 지대는 아열대고압대의 영향으로 맑은 날이 많고 비가 적은 곳이에요. 동쪽으로 계속 가 보면, 연이어 중앙아시아 타클라마칸사막 지대가 나오고, 티베트고원 북측을 따라 고비사막이 이어져요. 이곳은 아시아 대륙 깊숙이 자리잡고 있어 바다로부터 멀리 떨어진 데다, 우기에는 티베트고원이 남풍을 가로막아 비가 내리지 않는 비 그늘막에 놓여 건조해진 곳이지요.

티베트고원의 북측을 돌아 중국으로 넘어오면 황투고원이 나옵니다. 이렇게 사하라사막에서 중국 황투고원에 이르기까지 건조 지대는 자연산 먼지가 많이 일어나는 먼지 벨트를 형성하지요. 옛 아라비아 무역상들은 아시아 비단을 유럽에 내다 팔려고 먼지 벨트에 놓인 비단길을 오갔어요. 낙타를 타고 건조한 모래 바람을 맞으며 험준한 산맥을 건너야 했던 모험과 수난의 길이었어요.

황투고원에 쌓인 흙에는 먼지 벨트에서 날아온 먼지가 섞여 있어요. 이 고원을 지나 서해를 건너면 한반도에 이르는데요. 우리나라는 이 먼지 벨트의 동쪽 끝자락에 놓여 있어, 북서 계절풍이 불면 중국이나 몽골의 건조 지대에서 모래 먼지가 날아오지요. 겨울에는 이 지역에 눈이 덮여 있어 바람이 불어도 먼지가 일기

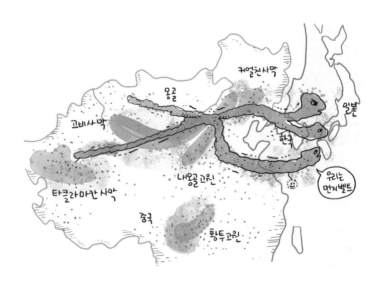

어려워요. 봄이 오면 눈이 녹고, 대기는 건조하여 맨땅이 말라 가지요. 온대저기압이 지나가면서 그 위에 강한 바람을 일으키면, 누런 모래먼지인 황사가 발원합니다. 바람이 시속 40km를 넘으면 광범위한 영역에 걸쳐 모래 먼지가 대거 일어나지요. 크고 작은 모래 입자들은 1~3km 고도까지 올라가 편서풍을 타고 이동하게 된답니다.

무거운 입자는 도중에 일찍 가라앉지만, 가벼운 입자는 온대저기압의 끄트머리에서 북서풍을 타고 우리나라로 밀려오지요. 낮에는 바람에 날리는 황사에 햇빛이 산란하여 하늘이 누렇게 바래는데요. 그러다가 저기압이 우리나라를 마저 지나가면, 뒤따라 들어오는 이동성고기압과 함께 대기 중에 떠 있던 모래 먼지가 땅에 내려앉습니다. 이것들은 알갱이가 미세먼지보다 굵고, 크기가 5~10마이크로미터 정도 되지요.

》자연산 황사에는 철분, 《 미네랄이 풍부하다고?

최근에는 몽골이나 중국 북부에서 사막이 넓어지는 추세예요. 한때 초원 지대였던 곳이 양이나 염소 등 가축을 과다 방목하면서 사막으로 변해 가고 있지요. 사막화가 심해질수록 이곳에서 발원한 황사나 먼지가 봄철 북서 계절풍을 타고 우리나라로 날아오는 횟수가 늘고 있어요. 황사는 부정적인 이미지가 강하지만, 순전히 자연산 모래가 발원하여 만들어진 황사에는 철분과 알칼리성 미네랄이 많이 들어 있어요. 이게 땅에 앉으면 토양을 중화하고 식물과 균류가 자라기 좋은 영양분을 제공하며, 바다에 앉으면 플랑크톤이 번식하기 좋은 자양분이 돼요.

예로부터 봄이 되면 주기적으로 황사가 내려와 땅을 기름지게 하고 주변 바다 어장을 풍요롭게 해 주었답니다. 하지만 산업이 발달하면서 황사에 다양한 오염 물질들이 섞여 들어오는 탓에, 황사의 부정적 이미지가 날로 커지는 게 안타깝습니다.

질문하는 과학 14

기상청 운동회 날 왜 비가 왔을까?

초판 1쇄 발행 2025년 5월 20일

지은이 이우진
그린이 김소희
펴낸이 이수미
기획 · 편집 이미혜
북 디자인 신병근, 선주리
마케팅 임수진

종이 세종페이퍼 인쇄 두성피엔엘 유통 신영북스

펴낸곳 나무를 심는 사람들
출판신고 2013년 1월 7일 제2013-000004호
주소 서울시 용산구 서빙고로 35, 103동 804호
전화 02-3141-2233 팩스 02-3141-2257
이메일 nasimsabooks@naver.com
블로그 blog.naver.com/nasimsabooks
인스타그램 instagram.com/nasimsabook

ⓒ 이우진, 2025
ISBN 979-11-93156-26-1
　　　979-11-86361-74-0(세트)